U0350497

能源时代新动力丛书

丰富和恒久的能量

康　宁◎著

北京工业大学出版社

图书在版编目(CIP)数据

丰富和恒久的能量——太阳能 / 康宁著. —北京：北京工业大学出版社，2015.6

(能源时代新动力丛书 / 李丹主编)

ISBN 978-7-5639-4327-2

Ⅰ. ①丰… Ⅱ. ①康… Ⅲ. ①太阳能—普及读物 Ⅳ. ①TK511-49

中国版本图书馆 CIP 数据核字（2015）第 102559 号

丰富和恒久的能量——太阳能

著　　者： 康　宁
责任编辑： 茹文霞
封面设计： 尚世视觉
出版发行： 北京工业大学出版社
（北京市朝阳区平乐园 100 号　邮编：100124）
010-67391722（传真）　bgdcbs@sina.com
出 版 人： 郝　勇
经销单位： 全国各地新华书店
承印单位： 九洲财鑫印刷有限公司
开　　本： 787毫米×1092毫米　1/16
印　　张： 17
字　　数： 194 千字
版　　次： 2015 年 8 月第 1 版
印　　次： 2015 年 8 月第 1 次印刷
标准书号： ISBN 978-7-5639-4327-2
定　　价： 30.00 元

前 言

现代社会的发展速度越来越快，人们对于能源的需求越来越大。但是，传统能源是不可再生的，不能满足人类的能源需求。而且，大量使用传统能源产生了严重的环境问题，比如雾霾、温室效应、海平面上升、沙漠化等，严重困扰着人们的生活，威胁着人类的未来。

面对困境，人类更加希望能够低碳、环保、无污染地走可持续发展之路，这是全人类的共同要求。因为社会发展不能为了经济效益而忽略环境效益。积极开发新能源，减少传统能源的使用量，才是溯本清源，釜底抽薪的解决方法。对于可持续发展，一言以蔽之，就是要求经济和环境保护双管齐下。

地球诞生之前，太阳已经存在了。太阳用光和热温暖着地球。俗话说得好，万物生长靠太阳。如果没有太阳，地球将是一片黑暗。太阳是万物的生命之源。

地球上的植物离不开太阳。各种植物正是通过光合作用，把太阳能转变成化学能，并储存在植物体内。因为有了光合作用，我们才有了瓜果蔬菜、五谷杂粮等各种食物。当然，有些人会

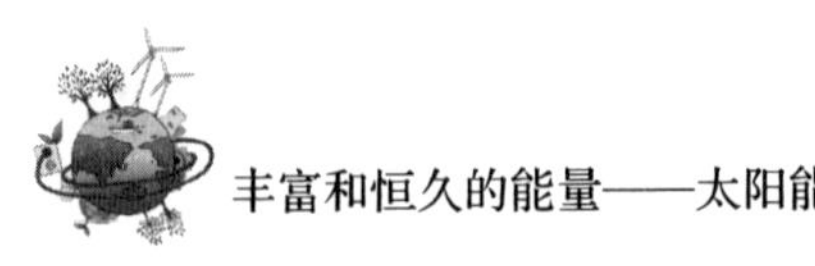

说，不吃素，可以开荤，事实上，归根结底，那些能够满足开荤需求的食品也是来源于植物，它们的能量直接或者间接来源于太阳。

现在与我们的生活息息相关的煤炭、石油、天然气等能源，它们是由古代埋在地下的动植物，经过漫长的地质年代形成的。换言之，它们实质上是古代生物固定下来的太阳能。

但是我们要了解到，以煤炭、石油、天然气为代表的传统能源，它们的形成需要上亿年的时间，从这个意义上来讲，它们是不可再生的，早晚有一天会消耗殆尽。为了防患于未然，我们必须开发新能源，以应对未来的能源危机。

新能源有很多种，比如风能、水能。这些新能源的开发能够缓解能源危机。归根结底，它们的形成也与太阳能息息相关。

太阳是地球上的能量来源。在传统能源日渐衰竭的今天，太阳能作为最为丰富和恒久的能量，再一次证明了其是取之不尽，用之不竭的。太阳能就是一种新能源，并且有望成为新能源中的中坚力量。

太阳能作为新能源，是可再生的能源。因为根据目前太阳产生的能量速率估算，太阳上的燃料足够维持上百亿年，而地球的寿命较太阳短。相对人类的历史而言，太阳更是永恒存在的，太阳能也是取之不尽，用之不竭的。

太阳能没有地域限制，无论陆地或海洋，无论高山或岛屿，处处皆有，可直接开发和利用，且无须开采和运输。

但是，想要让太阳能肩负起能源重任，以现在的技术还达不到，还存在很多制约太阳能开发的瓶颈。想要让太阳能给我们带来更多奇迹，还有很长的一段路要走。道路虽然曲折，但前景一片光明。

前　言

本书主要叙述了对太阳能的认识与运用，从科学、日常的角度为读者解读在日渐严重的能源危机中，太阳能的重要作用和未来太阳能解决能源危机的希望。

目　录

第一章　传统能源走向没落

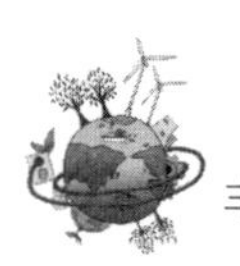

第二章　太阳能，令人惊奇的能源

第三章　太阳出来暖洋洋

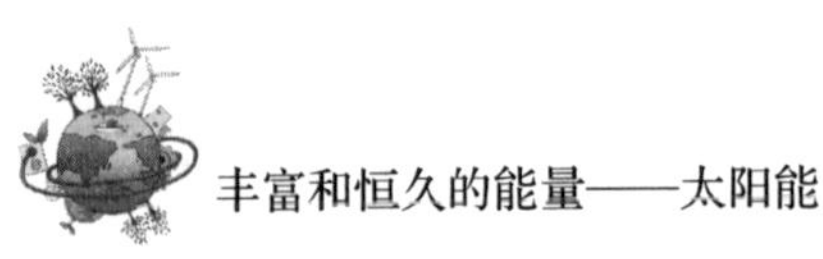

第四章　太阳能“无微不至，无孔不入”

第五章　光伏产业——捕捉阳光

第六章　太阳能给人类带来更多奇迹

第七章　制约太阳能发展的瓶颈

第一章　传统能源走向没落

人类社会发展所依赖的煤炭、石油等传统能源属于不可再生能源。传统能源为经济发展提供超强马力的同时，将来有一天，也会响起没落的集结号。科学家认为，到了 21 世纪中叶，即 2050 年左右，石油、煤炭等资源将会开采殆尽，其价格将会不断飙升。那时，传统能源将难以满足人们需求。

传统能源的资源总量越来越少，对于社会发展将产生不利影响。有人预测，到 21 世纪中叶，随着传统能源的衰竭，一系列社会问题也会出现，甚至会因为抢占能源而引发战争。

第一节　传统能源日渐枯竭

在人类的生存发展过程中，传统能源已帮助人类走了很长的路。但是，当人类正享受传统能源带来的科技与经济快速发展的便利时，传统能源也随着消耗而日渐枯竭。

据科学家们估计，到21世纪中叶，传统能源将会开采殆尽。如果那时候新的能源体系尚未建立，能源危机将会席卷全球。

一、严峻的能源危机

能源是人类社会进步和工商业文明程度得以提升的动力，从地球诞生之日、人类起源之时，能源就开始为万物的生长、生命的繁衍提供了必要的保证。

然而，随着人口的增长和经济的发展，不可再生性的传统能源消耗量越来越大，能源危机问题接踵而来。

新中国成立以来，中国的能源消耗量以年均8.25%的速率增长。2010年，我们需要的一次能源约为30亿吨标准煤，最高为40亿吨标准煤，最低不少于20亿吨标准煤；到2020年可能需要60亿吨标准煤，最高为80亿吨标准煤，最低不少于40亿吨

标准煤。

根据统计，中国探明可利用的煤炭总储量接近 1900 亿吨，人均煤炭储量 17.36 吨；并且，能源消耗量的数字还在逐年增长，那么我们所拥有的煤储量，其实也支撑不了多少年。

20 世纪 80 年代以后，中国石油消费维持着平均每年 5.6%的增长速度。根据报告，2013 年，我国石油和原油表观消费量分别达到 4.98 亿吨和 4.87 亿吨，同比分别增长 1.7%和 2.8%。

如果按此惯性，到 2020 年我们的石油消费将达到 10 亿吨标准煤，而中国地质科学院《矿产资源与中国经济发展》报告警告：中国油气资源的现有储量将不足 10 年消费，最终可采储量勉强可维持 30 年消费。

根据中国水电工程顾问集团公司网站提供的信息及中国水力资源复查结果，中国水力资源理论蕴藏量在 1 万千瓦及以上。河流的年可发电量为 60 829 亿千瓦时，单站装机容量 500 千瓦及以上水电站的技术可开发装机容量为 54 164 万千瓦，年发电量为 24 740 亿千瓦时。

其中，经济可开发水电站装机容量为 40 179 万千瓦，年发电量为 17 534 亿千瓦时，分别占技术可再开发装机容量的年发电量的 74.2%和 70.9%。

中国的水能资源高度集中于藏东、川西高山峡谷地区，地质活动强烈，地震、泥石流、滑坡、塌方、雪崩、飞石和洪水频繁。水能资源开发利用一方面要承担巨大的地质突变风险，另一方面还要承担远距离输变电产生的成本，而且，水电站的建设会给当地的环境和生态系统甚至地质结构带来威胁，况且，水电也不是开发不尽的资源。

面临能源供给的紧缺与危机，人们自然而然地会想到有效地节约能源，把单位 GDP（国内生产总值）的能耗降下来。但是，实际上目前无论是在政策层面还是在经济层面都缺乏引导大家节约能源的动作。

二、摆脱传统能源危机

面对传统能源的逐渐枯竭和人类生态环境的日益恶化，在全世界范围内，人们都逐渐认识到能源供应方面必须走可持续发展的道路。人们要逐渐改变能源消费结构，从不可再生的传统能源转向可再生的新能源。

每个国家和地区都面临两个严峻挑战：气候变化和能源安全。世界各国政府正在采取积极行动应对挑战，重新审视能源发展政策。德国和日本率先宣布将关停所有的核电站。

2008 年 7 月，G8（八国集团，包括美国、英国、法国、德国、意大利、加拿大、日本和俄罗斯）峰会上八国表示将寻求与《联合国气候变化框架公约》的其他签约方一道共同达成到 2050 年把全球温室气体排放减少 50%的长期目标。

我国已经正式宣布了在《哥本哈根协议》下的承诺，至 2020 年全国可再生能源消费的比重提高至 15%左右。

作为一个拥有超过 13 亿人口，2014 年经济增长率约 7.4%的世界第二大经济体，中国现在是世界上最大的能源消耗国和仅次于美国的第二大二氧化碳排放国。中国每增加单位国内生产总值的废水排放量比发达国家高 4 倍，单位工业产值产生的固体废弃物要比发达国家高 10 多倍。

中国单位 GDP 的能耗比较高，是日本的 7 倍、美国的 6 倍，

甚至是印度的2.8倍。这表明我们在GDP的质量上与国外存在很大的差距。因为我们的GDP曾经长期徘徊在比较低的水平，在数量还很低的情况下，是很难顾及发展的质量的。

这些年，各地为了追求GDP，有的地方不讲科学、不讲质量、不讲优劣，只要有利于增加地方GDP就一概欢迎，甚至多多益善，以至于出现了“人控我放、人弃我拾”的不理智的情况。目前中国光伏的产能过剩也和这个情况不无关系。

然而，对GDP的不理智追求和冲动使我们不得不付出环境污染和高耗能的惨痛代价。这难道真是我们所追求的吗？这种表面的繁荣抵得上我们为之付出的代价吗？我们忍心把这雾霾充斥的空气、受到污染的土地和不卫生的饮水给自己的子孙后代遗留下来吗？

我们面前只有一条路：改变能源消耗结构，逐渐提高可再生能源在工业经济中的比例，最终摆脱对传统能源的依赖。在传统能源日渐枯竭的时代大背景下，我们国家要防患于未然，开始着手“第三次能源变革”。

三、太阳能开发新机遇

面对传统能源将要枯竭的问题，作为全球能源消费大国的中国，正在经历新能源逐渐取代传统化石能源并占据主导地位的“第三次能源变革”。

对此，能源方面的相关专家曾提出建议，“中国新能源产业要发展还需要提高核心竞争力，要走独立自主研发的新路子，不能再延续制造廉价设备的老路。”

目前，新能源迅猛发展，中国也有一定的机遇。IEA（国际能源署）在 2012 年 7 月发布的预测报告中就称，虽然世界上许多国家都遭遇过经济动荡，但未来 5 年的时间内，全球新能源的发电量将增长 40%以上，达到 6400 太瓦时（1 太瓦时=10 亿千瓦时）。国际能源署称，新能源快速发展主要有以下两个方面的原因。

首先，在经合组织国家的支持政策和市场框架下，新能源技术越来越成熟。

其次，近年来，由于经济的快速增长，对电能和其他能源的需求越来越旺盛，这种情况加速了新能源在大小新兴市场的发展。

从市场方面来看，近年来也有越来越多的企业进军新能源市场，特别是太阳能光伏市场，一度让中国的太阳能光伏装机量达到世界的最高点。

国家需求及政策导向也产生了引导作用。中国经济的发展现状决定了需要把节约资源作为基本国策，节约能源被国家当作宏观调控的主要内容。同时，节约能源也是转变发展方式、优化结构的突破口。因此，国家对新能源、节能环保产业给予了更多更加明显的政策倾斜和支持。

然而，随着经济的迅猛发展，新能源行业却面临了一些新的冲突，比如，多晶硅产品就曾被国家发改委列入产能过剩的大名单，其实过剩也只是相对的。

就外部环境而言，中国新能源的发展也遭遇了来自外部的压力，比如 2012 年，英国《金融时报》报道称："欧洲太阳能电池板制造商 SolarWorld 对中国竞争对手提起贸易申诉，这标志着中国与西方在绿色科技领域的紧张升级。"

此前，SolarWorld 旗下一家子公司曾在美国提起类似申诉，导致美国对中国向美国出口的光伏电池开征逾 30%的惩罚性关税。

不仅如此，中国和国外的太阳能电池板相关产品的贸易战一直没有停歇过。

然而，无论是下文即将讲解的光伏产业产能过剩也好，还是太阳能利用行业的贸易壁垒也好，都是人类为了积极利用太阳能进行的活动，是人类在开发和利用太阳能过程中的努力，这一点是不容否认的。现在，全球科学技术的发展突飞猛进，在科技的支撑下，太阳能的利用会越来越广泛，定会在替代传统能源方面起到越来越大的作用。这就需要我们把握好现在的每一个机遇，努力发展和太阳能能源利用相关的产业。只有这样，才不会在技术和能源方面过于被动，才能达成更好的愿望。

第二节　石油战争

石油是传统能源，是应用领域很广、使用量很大的能源之一。随着对石油需求量的不断加大，世界各国之间开始了石油资源争夺战。尤其在第一次世界大战以后，各国政府都看清了石油的利用价值，不惜一切代价来获取这种珍贵的能源。

根据科学家们的估算，世界上的石油储量约为 1.8 万亿桶。按现在的石油消费速度，世界石油的开采年限为 45 年左右。

一、石油备受关注

随着汽车工业的日渐兴盛，很好地带动了石油工业的发展。优质而高效的石油资源，非常适合做燃料。因为它的可燃性非常好，并且发热量高。1 千克石油燃料可以产生约 4.18 万焦耳的热量，而 1 千克煤燃料只能产生 1.67 万至 3.00 万焦耳的热量。

当 1 千克的木柴充分燃烧时，所产生的热量也只为 8300 至 10 450 焦耳的热量，即石油的发热量比煤高 1 至 1.5 倍，比木柴高 3 至 4 倍。

在井下开采的石油是各种碳氢化合物的复杂混合物。因不同

的碳氢化合物的沸点不同，所以经分馏，长链的碳氢化合物还可以通过裂化变成较小的分子，这样就可以制成各种各样的石油化工产品，如药品、染料、炸药、杀虫剂、塑料、洗涤剂及化学纤维。英国工业用的有机化合物，80%来自石油化工。

由于裂化过程中所产生的乙烯容易与其他物质化合，因此可用来制作大量石油化工产品。裂化过程中，还会产生丙烯、丁烯和芳香剂等其他主要产品，由这些产品又可制成数以百计的石油产品。

据英国《经济学家》周刊报道，目前全球已探明的石油储量为 1380 亿吨，其中 65%蕴藏于中东地区。在剩下的已探明石油储量中，北美、欧洲和中南美洲各占有 8%，非洲和亚太地区分别占 7%和 4%。

据统计，已探明石油储量居世界前 5 位的国家均在中东，依次为沙特阿拉伯、伊拉克、阿联酋、科威特和伊朗。

二、石油市场供需大格局

世界石油能源及其市场变化，特别是油价的变幻莫测，因石油而发生的双边或多边矛盾此起彼伏，牵制着世界各国的经济发展，影响着人们的视野和对石油形势的判断。但是应当说，世界石油格局的基本态势大体上是清晰的。

第一，世界石油主要需求地区不变，但供需格局中长期将发生较大变化。

第二，世界剩余可采储量在很长时期仍将是丰富的。到 2050 年前，石油资源保障程度应该是乐观的。

但随着人们的大量开采，世界上许多正在开发的油田产量将以年均4%到5%的速度递减，特别是欧洲、北美和亚太的油区产量将下降更多。即使有新的油田发现和投产，也将减少世界原油产量中的份额比例。因为，石油不可再生。

中东是世界上石油储量最丰富的地区，也是世界上生产和输出石油最多的地区。然而，随着长期的社会发展，对于不可再生能源的石油而言，石油的开采只能让石油越来越少，发展的速度越快，石油的储量就会越低。

在中国与印度等发展中国家的推动下，2013年，全球石油需求量增加到90万桶。2014年，发展中国家占全球石油总需求的比例再次提高。预计到2020年，当世界消费45亿到50亿吨石油时，欧佩克（OPEC，石油输出国组织）的产量将占60%到65%。也就是说，届时世界石油对OPEC，特别是中东产油国的依存度将会更高。而2020年世界主要消费地区仍将是北美、欧洲和亚太地区，发展中国家需求会有较快的增加。据国际能源署预测，亚太地区将超过北美成为世界第一大石油消费区，其份额将占世界石油总消费量的30%。

而由于石油具有的特殊战略价值，世界各国对全球石油供应资源的争夺，也构成了世界各国政治、外交政策的重要基础。

三、大国石油战略

石油的重要作用是世界各国有目共睹的，为了自己国家的利益最大化，各个国家都采取了相关的石油战略。

美国是当今世界上经济规模最大，能源需求量也最大的国家。为了维持自己的能源利益，美国几乎倾尽全力，将世界上所有的能源丰富的地区掌控在自己的手里，甚至不惜发动战争，使自己占据能源方面的优势地位。

美国副总统切尼曾明确讲：“谁控制海湾石油的流量，谁就对美国经济，甚至‘对世界其他大多数国家经济’拥有了‘钳制’力。”未来学家托夫勒也曾讲到，控制了中东地区的石油，美国就捏住了向其主要竞争对手供应石油的输油管口。虽然世界大国对石油的争夺受各自的生存与发展需求驱动，但在当代世界石油资源争夺中，美国一直是首要角色。

美国是世界最大的石油消费国，也是世界最大的军火国，因此，石油利益一直是美国地缘政治战略的核心，美国的能源需求也成为形成 21 世纪地缘政治的重要因素。美国争夺石油不仅在于确保自身需求得到满足，更有控制这一战略资源进而维护其世界霸权地位的长远意图。

目前，美国的全球战略布局在很大程度上是围绕石油展开的。美国曾经发动伊拉克战争，推翻萨达姆政权，深层原因之一是为了控制伊拉克乃至中东的石油。“9·11”事件以来，美国与沙特阿拉伯关系紧张，石油资源仍是主因。

美国污蔑伊朗为“邪恶轴心”，也是觊觎其丰富的石油资源。在阿富汗战争后，美国军事力量借机渗透到中亚地区，一方面为了争夺里海石油资源，另一方面也是为了抵制其他国家在中亚地区拓宽能源渠道的努力。而最近，美国借口打击恐怖主义，要在马六甲海峡进行巡逻，更凸显出其急于控制海上石油生命线的图谋。

回顾近几年形势的发展，美国为了控制石油资源可谓费尽力气，先是借反恐战争拿下阿富汗，并“顺便”将触角深入中亚，基本实现了控制里海油气资源的目标。伊拉克战争则使美国支配中东石油资源的愿望成为事实。如果美国能够最终解决伊朗问题，美国就会完全将中东油气资源的控制权收入自己的掌控之下。

此前，美国早就通过北美自由贸易协定，顺利实现了掌控加拿大和墨西哥的油气资源。在西非，美国也频繁动用外交攻势，并谋划调兵进驻几内亚湾，以保“后备油库”之安全。

在常规能源暂时无可替代的情况下，毫无疑问，美国政府已将能源安全放在对外贸易和对外政策的首位。为了解决能源危机，美国采取了一系列的相关措施，其基本战略包括以下几个方面：加强同加拿大等美洲产油国的关系，加紧开发里海和俄罗斯的石油资源，关注亚洲特别是中国的石油动向。此外，美国还支持西方石油公司主动参与中亚地区的石油开发，力图建立不经过俄罗斯或伊朗领土，直接将该地区的石油与欧美市场联系起来的石油运输通道。

俄罗斯能源储备比较丰富，因此全面拓展能源外交布局，尽可能地维护自己的利益：一是深化和欧洲国家的能源合作，二是加强对里海能源开发的影响，三是与亚太国家开展能源合作，四是加强俄美能源战略合作。比如，俄罗斯政府出台的《俄罗斯联邦能源发展战略》，重点就是强调要通过强化能源外交促进经济复苏、维护地缘利益。

法国、德国等西欧国家，经济也比较发达，对于能源也有相关的需求，因此它们也积极寻求新的能源合作伙伴，制定了新的能源战略。主要体现在以下几个方面：一是加强与伊朗的能源合作，二是致力于对沙特阿拉伯、科威特等海湾产油国在能源方面的投资与开发，三是建立与俄罗斯的战略性能源伙伴关系，四是积极开拓东南亚市场，努力打入拉美地区能源市场，积极进军非

洲能源市场。

日本国内能源资源比较匮乏，但是能源消耗量也比较大，因此，日本积极与中东及其他世界产油国建立相互依存的关系，提出了针对中亚地区石油的欧亚大陆外交计划，并施展“金元外交”手腕，用提供大规模经济技术合作计划的方案加强与能源丰富的国家进行合作，换取更多的能源。具体而言，一是继续加强与中东产油国的关系，保证稳定可靠的油源，二是角逐远东，加强同俄罗斯的经济合作，三是觊觎北非，力争实现石油来源的多元化。

石油以其出色的利用性能，成为各个国家迅速发展的强心剂。但是，粥少僧多的尴尬，让各个国家针锋相对甚至兵戎相见，石油成了战争的导火线。这是我们不得不面对的现实。

那么，该如何面对这个现实呢？该如何解决这个棘手的问题呢？只有找到一种新的能源来代替石油才可以从根本上解决问题。于是，一直被我们忽视的太阳能得到了人们的重视。

太阳能其实并不是一种人们陌生的能源，只不过一直没有得到人们的开发和利用。自地球上生命诞生以来，人们就依赖于它所提供的热辐射能生存，并且利用它晒干物件，制作食物，如制盐、晒咸鱼等。所以，人们一直在利用它，但也一直在漠视它。殊不知，它才是一种比石油更丰富和恒久的能量。

实际上，每天人类能利用的实际的太阳能量是大于人类目前所需的能量的，人类目前可谓是高度浪费能量的时期。因此，可以想象如果全世界都重视太阳能的利用效率，减少浪费，那么人类新建的太阳能电站是能够担负起人类能量需求重担的。这样，人们的焦点也不会再紧盯石油能源，那么，国与国之间也不会出现那么多的争端。

当然，全世界对石油的依存是根深蒂固的，不是一段时间内能够改变的，但相信随着太阳能技术的日趋成熟，替代石油作为主要能源的那一天也许很快就会到来。

小资料：欧佩克

欧佩克是石油输出国组织的简称。它是一个自愿结成的政府间组织。欧佩克是亚洲、非洲和拉丁美洲一些石油生产国，为了反对国际石油垄断资本的掠夺和剥削、维护经济利益而建立的组织。

欧佩克于 1960 年 9 月 14 日成立。欧佩克的宗旨是协调成员国间的石油政策，发出同一种声音，同外国垄断资本进行谈判和斗争，以维护自己的民族经济利益。

目前，欧佩克已经成为世界上知名度和影响力比较大的国际组织之一。它的主要机构有：大会，是最高权力机关；理事会，负责执行大会决议和指导该组织的管理；秘书处，在理事会指导下主持日常事务工作。秘书处内设有一专门机构——经济委员会，协助该组织把国际石油价格稳定在公平合理的水平上。

第三节 煤炭，既是能源也是污染源

在传统能源中，煤炭是蕴藏量最为丰富、分布地域最为广泛的化石燃料。煤炭又被人们称为原煤，也被人们誉为“黑色的黄金”。它也是18世纪以来人类使用的主要能源之一。

煤炭是能源，它为工业发展做出了巨大贡献。但它也是污染源，因为在使用过程中，煤炭会对环境造成严重的污染。

一、煤炭与矿难

煤炭是千百万年来植物的枝叶和根茎在地面上堆积而成的一层极厚的黑色腐殖质，由于地壳的变动，不断地埋入地下，长期与空气隔绝，并在高温高压的条件下，经过一系列复杂的物理化学变化形成的黑色可燃化石燃料。

煤是由有机物质和无机物质混合组成的，其中有机物质的元素主要有碳、氢、氧、氮4种，而无机物质的元素主要有磷、硫以及稀有元素等。

碳是煤中有机物质的主导成分，也是主要的可燃物质。一般而言，碳含量越多，煤的发热量就越大。泥煤的碳含量为50%至

60%，褐煤的碳含量为 60%至 75%，而烟煤的碳含量为 75%至 90%，在无烟煤中的碳含量则高达 90%至 98%。

碳完全燃烧生成二氧化碳，每千克纯碳能放出 32 866 千焦热量。碳在不完全燃烧时生成一氧化碳，此时每千克纯碳放出的热量仅为 9270 千焦。氢也是煤中重要的可燃物质，氢的发热量最高，燃烧时每千克氢的发热量是纯碳的 4 倍。

煤中氢的含量视成煤植物而定，有时大于 10%，有时低于 6%。

氧是煤中不可燃的元素，在泥煤中氧含量高达 30%至 40%，褐煤中氧含量为 10%至 30%，而在烟煤中为 2%至 10%，在无烟煤中小于 2%。

煤中氮含量较少，仅为 1%至 3%。氮在煤燃烧时不产生热量，但在炼焦过程中，它能转化成氨和其他含氮化合物。磷和硫是煤中的有害成分。

煤可分为褐煤、长焰煤、不黏煤、弱黏煤、贫煤、气煤、肥煤、焦煤、瘦煤、无烟煤十种。

煤不仅是重要的能源，而且还是冶金、化学工业的重要原料，主要用于燃烧、炼焦、气化、低温干馏、加氢液化等。

煤炭是人类的重要能源，任何煤都可以作为工业和民用燃料。

煤炭不仅可以燃烧，为人们提供能源，经过进一步加工，还可以得到很多工业品。把煤置于干馏炉中，隔绝空气加热，煤中有机质随温度升高逐渐被分解，其中挥发性物质以气态或蒸汽状态逸出，成为焦炉煤气和煤焦油，而非挥发性固体残留物即为焦炭。

焦炉煤气是一种燃料，也是重要的化工原料。煤焦油可用于

生产化肥、农药、合成纤维、合成橡胶、油漆、染料、医药、炸药等。焦炭主要用于高炉炼铁和铸造，也可用来制造氮肥、电石。电石可制塑料、合成纤维、合成橡胶等合成化工产品。

气化是指转变为可作为工业或民用燃料以及化工合成原料的煤气。

把煤或油页岩置于550摄氏度左右的温度下蒸馏可制取低温焦油和低温焦炉煤气，低温焦油可用于制取高级液体燃料和作为化工原料。

将煤、催化剂和重油混合在一起，在高温高压下使煤中有机质破坏，与氢作用转化为低分子液态和气态产物，进一步加工可得到汽油、柴油等液体燃料。

加氢液化的原料煤以褐煤、长焰煤、气煤为主。综合、合理、有效开发利用煤炭资源，并着重把煤转变为洁净燃料，是我们努力的方向。

在第一次世界大战前，煤曾居世界能源利用的首位。后来，由于石油和天然气开采量不断上升，煤炭在能源中的地位开始下降，随着20世纪60年代中东地区石油的大量开发，很快煤炭的利用退居于第二位。

但是，由于受到20世纪70年代两次能源危机的影响，许多国家为减少对石油的依赖，再次加强了对煤炭的重视，力求增加煤炭的开采利用。预计在今后相当长一段时间内，煤炭作为主要的能源的地位还将进一步加强。

煤炭作为主要能源的原因之一，是它的储量相当丰富。据估计，地下埋藏的化石燃料约90%是煤，世界煤炭的总储量约为10.8万亿吨。

煤炭的开采利用在经济上合算，并且用现有技术设备即可开采的储量约6370亿吨，按当前世界煤年产量26亿吨计算，大约可以开采245年。

矿难是指矿山发生的灾难。主要指的是煤矿开采过程中发生的灾难。常见的矿难有：瓦斯爆炸、煤尘爆炸、瓦斯突出、透水事故、矿井失火、顶板塌方等。

我国是一个严重依赖煤炭能源的国家，是一个产煤大国，因此也是矿难大国。矿难不仅会对矿山造成毁灭性的破坏，而且还会严重威胁矿工的生命。可以说，煤的开采是和矿工的生命安危紧密相连的。

矿难中比较常见的灾难之一是瓦斯爆炸。它是瓦斯与空气混合，在高温下发生急剧氧化，并产生冲击波的现象。瓦斯爆炸是煤矿生产中的严重事故。

最早的瓦斯爆炸发生在1675年的英国。当时，英国的莫斯廷矿发生了大规模的瓦斯爆炸。世界上最大的煤矿爆炸事故1942年4月26日发生在中国的本溪煤矿。瓦斯与煤尘爆炸，当场导致1527人死亡，268人受伤，可以说是世界上最惨痛的事件。

现在，采煤技术有了较大的进步，但是，矿难还是不能完全避免。这是煤炭利用过程中无尽的伤痛。

二、煤炭引起环境危机

煤炭是能源，也是污染源。事实证明，煤炭的使用会引起特别是水资源污染和空气质量下降等一系列环境问题。

煤炭对水资源的影响，主要表现在两个方面：一方面是对地表及地下水系的破坏，另一方面是对地表及地下水系的污染。

开采煤炭，必然导致地下水位大面积、大幅度的下降，矿区主要供水水源枯竭，地表植被干枯，自然景观破坏，农业产量下降，严重时可引起地表土壤沙化。煤矿大量排放矿井废水会不同程度地污染地表及地下水系。

矸石和露天堆煤场遇到雨天，污水流入地表水系或渗入地下潜水层，选煤厂的废水不经处理大量排放，对地表、地下水源造成污染等，使矿区周围的河流、沼泽地或积水池等变为黑色死水。

我国淡水资源人均占有量仅为世界人均水平的1/4。特别是煤炭资源储量丰富的华北、西北地区，水资源尤为缺乏。主要产煤大省——山西因采煤造成18个县28万人饮水困难，30亿平方米的水田变成旱地。

地表水系的污染往往是显而易见的，相对容易治理。而地下水的污染具有隐蔽性且难以恢复，影响较为深远。由于地下水的流动较为缓慢，仅靠含水层本身的自然净化，则需长达几十年甚至上百年的时间，且污染区域难以确定，容易造成意外污染事故。

此外，煤中通常含有黄铁矿（FeS_2），遇水生成稀酸，使矿井排水呈酸性。洗煤厂也排出含硫、酚等有害污染物的黑水，煤矿废水量常常是采煤量的数倍。大量酸性废水排入河流，致使河水污染。

另外，由于开发煤炭，矿井下大面积采空，形成大量采空区，顶板冒落、岩层移动后，造成地面沉降，在地表形成低洼地。有的由于地表潜水位较浅，在低洼处形成沼泽地或积水池；有的表现为既深又宽的裂缝，形成严重的山体滑坡隐患。

沼泽地或积水池、山体滑坡的形成，使矿区耕地减少或受到破坏，生态环境也受到严重影响。据估算，全国平均每采出 1 万吨煤沉陷面积在 0.2 万平方米以上，全国已有开采沉陷地 45 亿平方米。

煤矿开采对土地资源也会造成一定的影响，根据相关的资料，主要有以下几个方面。

第一，地表的破坏。在平原露天采煤时，先挖掉一条窄长地段的覆盖土层，采出暴露的煤炭。再将下一长条的覆盖土层翻入这道地沟，剥出下一条煤炭。类似地，在丘陵地带露天采煤，则沿着等高线开沟，自下而上一步步向坡顶推进。

结果，平原采煤后造成了一条条山脊与沟槽交替的“搓板”，丘陵采煤后形成了一层层“梯田”。露天采煤使地表土丧失，植被遭毁坏，自然风景被破坏，地面被污染，整个生态平衡被打破。

第二，岩层和地表移动。采用地下开采方法，当煤层被采空后，上覆岩层的应力平衡被破坏，继之引起其上岩层的断裂、塌陷，直到地表整体下沉。开采中的矿井塌顶极少发生，废弃的矿井塌顶则司空见惯。

覆盖岩层陷落通常波及地表。如果地面沉陷较深，则长期积水形成湖泊。若沉陷发生在市区，则街道、建筑物遭到破坏。若发生在农村，裂缝使地表和地下水流紊乱。地下开采引起的塌陷，下落体积可达采出煤炭的 60%到 70%，如开滦矿区地面沉陷平均为 3 米。

第三，废物堆积。在开采和选煤过程中，排出大量煤矸石和废石，矿区固体废物堆积如山，全世界每年排矸量为 10 亿至 12 亿吨。中国年排矸量超过 1 亿吨，而综合利用不到 2000 吨，现已堆积煤矸石 16 亿至 20 亿吨，占地约 1 万公顷（1 公顷=10 000

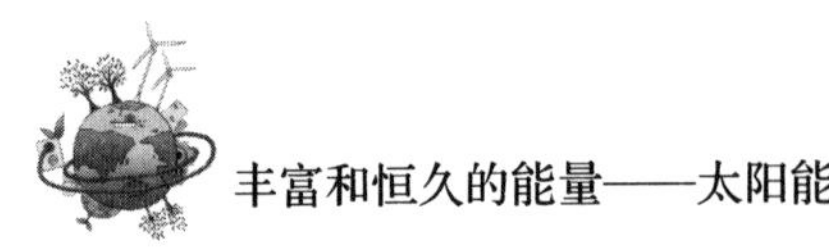

平方米）。

除此之外，煤炭开采也会导致废气排放，危害大气环境。因煤炭开采产生的废气主要指矿井瓦斯和地面煤矸石山自燃释放的废气。矿井瓦斯的主要成分——甲烷是一种重要的温室气体，其温室效应是二氧化碳的 20 倍。

据统计，我国煤矿开采排放的瓦斯量每年高达 70 亿到 90 亿立方米，对环境的污染十分严重，危及大气层、森林、农作物和人类自身。同时，瓦斯井下爆炸事故频繁发生，造成严重的生命和财产损失。

矿区地面矸石山自燃放出大量二氧化硫、二氧化碳、一氧化碳等有毒有害气体，严重影响着大气环境并直接损害着周围居民的身体健康。煤矸石产出量很大，其排放量约占煤矿原煤产量的15%到 20%。据不完全统计，我国国有煤矿有矸石山 1500 余座，历年积累量 30 亿吨。

煤炭运输过程也会造成严重的环境问题，同时也会造成巨大的经济损失。在我国，由于煤炭生产基地远离消费用户，导致了“北煤南运、西煤东运”的长距离煤炭运输格局。运输中产生的煤尘飞扬，既损失大量煤炭，又污染沿线周围的生态环境。

有人曾在 2000 年做过统计，当时我国铁路运煤量为 6.49 亿吨，平均运输距离为 580 千米；经公路运输或中转到铁路的煤炭达 6 亿吨，平均运输距离为 80 千米。若以 1%的扬尘损失计算，由于铁路、公路运输煤炭向大气中输送的煤尘至少 0.11 亿吨，直接造成的经济损失高达 12 亿元人民币以上。同时，造成公路、铁路沿线两侧严重的环境污染。15 年间，这种污染在不断地累积，以至于现在我们所经历的雾霾天，它也是罪魁祸首之一。

煤炭燃烧时，其主要燃烧产物——二氧化碳是主要的温室气体之一，从而加剧了温室效应。在全球碳循环过程中，植物光合作用吸收二氧化碳，动植物呼吸作用和氧化分解作用释放二氧化碳，整个碳循环基本保持平衡状态。

但由于人的参与，大量开发化石燃料，将埋藏于地下的固定碳元素经过燃烧释放到大气环境中，增加了大气中二氧化碳的含量。二氧化碳在大气中增多的结果是形成一种无形的玻璃罩，使太阳辐射到地球上的热量无法向外层空间发散，其结果是使地球表面变热。

温室效应会导致地球上的虫害增加、海平面上升、气候反常、海洋风暴增多、土地干旱、沙漠化面积增大等一系列环境问题。

科学家预测，如果地球表面温度的升高按现在的速度继续发展，到 2050 年，全球温度将上升 2 至 4 摄氏度，南北极地冰山将大幅度融化，导致海平面大幅上升，一些岛屿国家和沿海城市可能被淹没。

煤炭中含有大量的硫元素，在燃烧过程中，若不经过脱硫处理，这部分硫元素就会氧化为二氧化硫释放到大气中。二氧化硫与空气中水分达到饱和，便经过降水的形式降落到地面，从而形成所谓的酸雨。

酸雨是指 pH 值（酸碱度）小于 5.65 的酸性降水。酸雨主要是人为地向大气中排放大量酸性物质造成的。我国的酸雨主要是因大量燃烧含硫量高的煤而形成，多为硫酸雨，少为硝酸雨。此外，各种机动车排放的尾气也是形成酸雨的重要原因。

酸雨会对环境和人体健康造成巨大危害。首先，酸雨可导致土壤酸化。我国南方土壤本来就多呈酸性，再经酸雨冲刷，加速了酸化过程。我国北方土壤呈碱性，对酸雨有较强的缓冲能力。

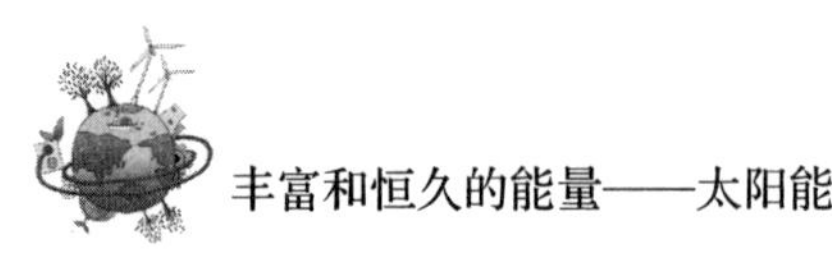

土壤中含有大量铝的氢氧化物，土壤酸化后，可加速土壤中含铝的原生和次生矿物风化而释放大量铝离子，形成植物可吸收的形态铝化合物。植物长期和过量地吸收铝，会中毒，甚至死亡。

酸雨会改变土壤结构，也会加速土壤矿物质营养元素的流失，使土壤变得贫瘠，影响植物正常发育。酸雨还能诱发植物病虫害，从而严重影响农作物的产量。

酸雨还会使得非金属建筑材料（混凝土、砂浆和灰砂砖）表面硬化、水泥溶解，出现空洞和裂缝，导致建筑物变得非常脆弱。此外，酸雨还会使得建筑材料变脏、变黑，影响城市的市容和城市景观，被人们称之为“黑壳”效应。

在一些城市，许多烟筒里冒出黑色的烟雾，或扶摇直上，或盘旋缭绕，人们形象地称之为“黑龙”。其实，“黑龙”的本质是燃烧不完全的小黑色炭粒。一般煤燃烧后约有原重量的1/10以这种烟尘的形式排入大气中。

粉尘的颗粒大小不等。颗粒较大的（直径在10微米以上），因重量较大，能很快降落到地面，被称为落尘。颗粒较小的（直径在10微米以下，其中有些比细菌还小），它们质量较小，因而能够长时间在空中飘浮，被称为飘尘。

飘尘对人体危害很大。粒径为5至10微米的粒子进入呼吸道，可以被鼻毛和呼吸道黏液阻挡排除。特别小的粒子（直径小于0.5微米的）可能会黏附在呼吸道表面随痰排出。唯有0.5微米至5微米的飘尘，能直接到达肺细胞，并在那里安家落户，长此以往，必然会对人的呼吸系统造成损害。

粉尘落在植物上，还会堵塞植物气孔，阻挡阳光进入叶组织进行光合作用，影响农林作物生长。粉尘能加速金属材料和设备的腐蚀。粉尘落入精密机械设备中，会增加其磨损，甚至造成事故。在煤矿中所产生的粉尘会刺激眼睛，导致结膜炎等眼病的发生。

最为严重的是，开发使用煤炭这类能源，会造成严重的大气污染。该如何合理利用化石资源，同时最大限度地控制其引发的污染，这已成为许多专家学者关注的焦点。

目前，在中国的一次性能源构成中，煤约占 75%。专家认为，这种状况在今后相当长的时期内不会有很大的改变。

煤炭燃烧产生的能源，为中国的经济发展和民众生活做出了巨大的贡献，但同时，煤燃烧所排放的二氧化硫又占全国总排放量的 80%左右。煤的燃烧造成的污染已成为制约中国经济和社会可持续发展的一个重要影响因素。专家认为，如不采取有力的治理措施，这种局面将会加速恶化，直接影响人们的健康和耕地的保护。

那么如何改变这种局面？只能寻找一种可以替代煤炭的能源。那么，太阳能作为“替补”能源能否取代煤炭呢？虽然，在相当长一段时间内不能完全取代煤炭在世界上的地位，但是，随着社会的发展和进步，人们已经逐渐重视太阳能，也逐渐地开始利用它了。通过下面的例子，我们可以看到其实太阳能已经逐渐地走入人们的生活和生产当中。

在河北经贸大学校园西北角，有一座蓝色的建筑，它通过储存、利用太阳能，成为全校的采暖热源。这一季节性蓄热采暖项目运行稳定，每年可实现减排二氧化碳 1800 余吨。

漫步校园中，抬头处处可见宿舍楼楼顶上露出的一个个黑色小方块，这些小方块就是太阳能集热器。据校方负责人介绍，该校 14 栋楼上共安装太阳能集热器 230 组，采用真空管 69 000 支。

这些真空管可以收集热能，再通过地下管道输送到储能间，最后通过交换器将热能转化为热水，提供用热、采暖需求。

储能间位于校园西北角，是一座占地 3600 多平方米的颇为引人注目的蓝色建筑。这座“蓝房子”里面放置着 228 个 89 吨圆柱形储热水箱，总计水箱储热量达 2 万余吨。这些水箱可以将春、夏、秋三季的太阳能，储存起来供冬季采暖使用。除供暖外，还能满足全校近 3 万师生的饮用水、浴室用水，以及厨房蒸汽等日常生活用热。

相比传统供暖方式，太阳能供暖有什么样的优势呢？在节能减排方面，河北经贸大学供热面积为 48.25 万平方米，以系统运行寿命 15 年计算，扣除非采暖季的热能消耗，可减少 2.7 万余吨二氧化碳排放，节电 7006 万余度，节约标准煤近 1 万吨。

此外，还能够降低运营成本。太阳能供暖设备只需一次性投入资金，后期维护管理也非常简单。老式烧锅炉供暖设备的维护运行往往需要 20 多人，而太阳能供暖在前期建设完成并正常运行之后，后期只需一名工作人员监控自动控制系统的参数有无异常即可。

如此看来，太阳能相比煤炭是有很多优势的。相信，随着太阳能技术的开发和利用，更多的人开始重视太阳能、使用太阳能，那么，恶化的环境将会有显著的改善。

小资料：温室效应

传统能源给社会发展提供了能源，同时对环境造成了恶劣影响，其中之一就是温室效应。

通常来讲，以化石燃料为代表的传统能源，在燃烧时放出大量二氧化碳。由于大气中的二氧化碳容易吸收长波辐射，所以太阳的短波辐射可以透过大气层射入地面。而地面上的温度被大气中常年增加的二氧化碳吸收，就像是给地球在外空增加了一层“棉被”，无形之中增加了地球的温度，这种效应被称为温室效应。

温室效应会导致地球气温升高，气温升高就会导致两极冰川融化，冰川融化就会导致海平面上升，海平面上升就会淹没海拔较低的沿海地区。与此同时，全球的气候也会发生变化，干旱的地方会更加干热，还会出现更多飓风与龙卷风等自然灾害。想象一下，那个时候的地球就非常不适合人类居住。

为了避免这种现象的发生，人类应该居安思危，尽量减少温室气体的排放。开发新能源是一种途径。现阶段，大多数国家的能源类型主要是传统能源，这并不是一朝一夕就能改变的现状。

我们也可以通过自己的努力，减少二氧化碳的排放量。比如说，在生活中节约用电（因为发电烧煤），一方面，尽量少开私家车，多乘坐公共交通工具。另一方面，保护水资源，不让海洋受到污染。

我们还可以通过植树造林，减少使用一次性方便木筷，节约纸张（造纸用木材），不践踏草坪等行动来保护绿色植物，使它们多吸收二氧化碳来帮助减缓温室效应。这些低碳环保的生活方式，是为了减少地球资源的消耗，也是为了我们自己。因为我们生活在这片土地上，保护环境是每个人的责任。

第四节　天然气，绝非天生丽质

天然气，是一种优质能源。在使用过程中，天然气不会产生味道，也不会产生废渣和废水。与煤炭、石油等能源相比，使用天然气安全、热值很高，而且比其他矿物燃料更加洁净。

虽然天然气不像一氧化碳那样具有毒性。但是，当天然气处于高浓度的状态时，仍存在致人死亡的危险。作为燃料，天然气也会因发生爆炸而造成人员伤亡。

一、清洁气体——天然气

天然气是指通过生物化学作用和地质变质作用，在不同的地质条件下生成、迁移，并于一定压力下储集在地质构造中的可燃气体。它是由有机物质生成的，这些有机物质是海洋和湖泊中的动植物遗体，在特定的环境中经物理、生物、化学作用而形成的分散的碳氢化合物。

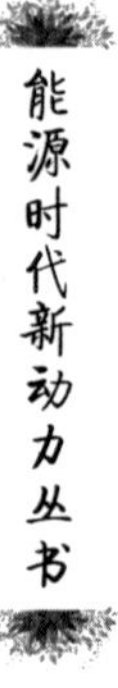

天然气作为一种优质的清洁气体燃料，是矿物燃料中最清洁的能源，几乎不含硫、粉尘和其他有害物质。天然气燃烧时产生的二氧化碳少于其他化石燃料，造成的温室效应较低。如果将天然气的温室效应系数设为 1，则石油为 1.85，煤为 2.08。

天然气是深埋于地下天然生成的以甲烷为主的多种烃类和少量非烃类物质组成的气体混合物。其无色无味，主要成分是烷烃，其中甲烷占绝大多数（通常占 90%以上），还有少量的乙烷、丙烷和丁烷。此外，还含有硫化氢、二氧化碳、氮气、水蒸气以及微量的惰性气体，供城市居民及工业用户所使用的天然气中甲烷的含量可达 95%以上。

根据天然气的来源，一般将天然气混合物分为以下几种：从天然气井中开采出来的气田气，称为纯天然气；伴随石油一起开采出来的天然气，称为油田伴生气；从含石油轻质馏分的凝析油中分离出来的天然气，称为凝析气田气；从井下煤层抽出的天然气，称为煤矿矿井气。

天然气还有一种水合物，因其外观像冰，而且遇火即可燃烧，所以又被称作“可燃冰”。它是在一定条件（合适的温度、压力、气体饱和度、水的盐度、pH 值等）下，由水和天然气组成的类冰的、非化学计量的、笼形结晶化合物。

形成天然气水合物的主要气体为甲烷，甲烷分子含量超过 99%的天然气水合物通常称为甲烷水合物。

天然气水合物在自然界广泛分布在大陆、岛屿的斜坡地带、活动和被动大陆边缘的隆起处、极地大陆架以及海洋和一些内陆湖的深水环境。在标准状况下，一单位体积的天然气水合物分解最多可产生 164 单位体积的甲烷气体，因而天然气水合物是一种重要的潜在未来资源。

天然气经过开采、收集、分离、净化、加压后可供给城镇作为燃气气源。目前天然气的利用已经进入我国经济的许多领域，主要用于化工生产、发电、居民燃气、商业供气、市区供热以及

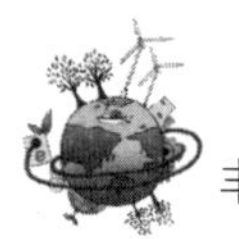

汽车燃料。

地球上的天然气资源比较丰富，而且天然气具有不可替代的优势，所以天然气的应用受到人们越来越广泛的重视，发展前景十分广阔。天然气可以作为生活燃料，天然气价格低廉、热值高、安全性好、对环境产生的污染较少。

天然气还可作为工业燃料，以天然气代替煤用于工厂采暖、生产用锅炉以及热电厂燃气轮机锅炉。

除了变成燃料，天然气还可用于工艺生产，比如烟叶烘干、烤漆生产线、沥青加热保温等。

天然气中甲烷为原料生产可黄血盐钾、赤血盐钾、氰化钠等，所以很适合作为化工原料。

在交通方面，压缩天然气作为汽车燃料，有利于解决汽车尾气污染的问题。

二、天然气的另一面

然而，天然气绝非天生丽质。

天然气在开采过程中，会带来环境污染。这首先要从天然气的化学成分说起。天然气的主要成分是甲烷，另外还有少部分乙烷、丁烷、戊烷、二氧化碳、一氧化碳、硫化氢等。因为开采天然气，这些气体就会释放在空气中，影响空气质量。特别是甲烷，它产生的温室效应是二氧化碳的 20 多倍。

我们都知道，硫化氢是无色、无臭、易燃、易爆气体，开采期间，稍有不慎，就会发生爆炸，对人身财产安全造成不利影响。除此之外，天然气的毒性因其化学组成不同而不同。原料天然气含有硫化氢，毒性随硫化氢浓度增加而增高。

开采天然气时，需要加强生产设备的密闭化和通风排毒，建立完整有效的安全检查制度，严格遵守操作规程及安全制度。以日常天然气作燃料时，应注意管道及设备密闭性，防止漏气。

另外，在天然气使用方面，和柴油、汽油等能源相比，主要的区别就是成本高。通常来讲，和传统的设备购置成本相比，天然气动力设备成本相对较高。造成这两者之间的成本差异，主要有三方面原因。

其一，相对于柴油机动力来讲，天然气动力设备是新技术，但是在短时间内还没有价格优势。其二，天然气动力设备市场还没有发育成熟，生产厂家少，所以产品价格比较高。其三，和汽油、柴油相比，天然气存储并不方便，需要特殊的存储容器，这也导致天然气动力设备的使用成本比传统动力设备的使用成本高 10%到 20%。而成本高对天然气动力设备的推广造成了不良影响。

即使不计较经济成本，使用天然气也要注意安全。因为经过净化的天然气（已经脱硫处理），如家用天然气的主要成分是甲烷，甲烷有一定的毒性。通风不良时，天然气燃烧的产物是一氧化碳，是剧毒气体。事实证明，生活中出现的一氧化碳中毒的事例，往往造成严重的人员伤亡。

即使充分燃烧，天然气的燃烧产物是二氧化碳，我们知道，二氧化碳是一种会引起温室效应的气体。18 世纪中叶以来，二氧化碳以及其他温室气体已经达到过去 16 万年中前所未有的浓度。尽管氟氯化碳、甲烷和氮氧化物等在大气中也有一定程度的积累，但是二氧化碳对全球温度的影响，比这些气体加起来的总和，还要高出至少 60%。二氧化碳浓度的升高是造成地球温室效应的一个主要原因。而天然气的燃烧产物正是二氧化碳，大量燃烧天然气，势必会导致空气中二氧化碳之类的温室气体含量的增加，会加重温室效应。

最后，我们更要明白，天然气是不可再生能源，在以科学发展观为指导，走可持续发展道路的今天，天然气并不是可持续能源利用的最佳选择。所以，天然气对我们而言，只能是在新能源全面为我们生活服务之前的过渡能源之一。天然气，并非是完美的，它同其他传统能源一样无法承担未来能源之重任。

相比较而言，太阳能则是一项比天然气更好的能源。它可再生，不用担心能源枯竭；它清洁，几乎没有污染；它也不会受制于人，它公平地普照整个世界，不用向他人购买……如果能将太阳能利用好，那么作为过渡能源之一的天然气也会慢慢地走上主要能源的宝座。

小资料：温室气体都有哪些

“温室效应”没有我们想象的那样一无是处。“温室效应”是地球大气层上的一种物理特性。假若没有温室效应，地球上的温度变化就会非常大，非常接近于月球的昼夜温差。这样的情况对于生物的生存来讲是极为不利的。

地球之所以是一个温度变化相对温和的环境，主要是由一类名为温室气体引致的，这些气体吸收红外线辐射而影响到地球整体的能量平衡，使得地球的大气层吸收到的热量和释放出的热量大体平衡，所以生物得以在一个相对稳定的温度范围内生存。但由于人类活动释放出大量的温室气体，结果让更多的热量难以释放到外太空，加强了温室效应的作用。

这些温室气体都是只允许太阳光进，而阻止其反射，进而实现保温、升温作用，因此被称为温室气体。其中既包括大气层中原来就有的水蒸气、二氧化碳、氮的各种氧化物，也包括近几十年来人类活动排放的氯氟甲烷、氢氟化物、全氟化物、硫氟化物等。种类不同吸热能力也不同，每分子甲烷的吸热量是二氧化碳的 21 倍；氮氧化合物更高，是二氧化碳的 270 倍。不过和人造的某些温室气体相比就不算什么了，目前为止吸热能力最强的是氯氟甲烷和全氟化物。

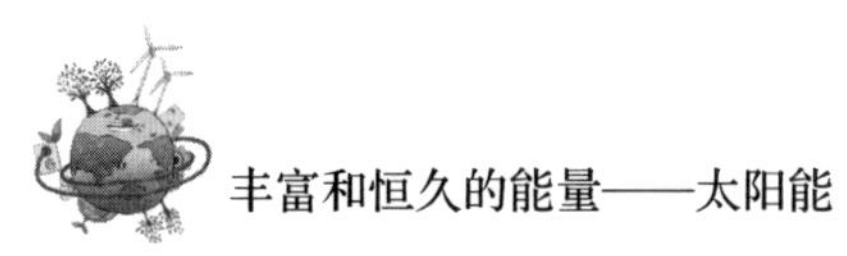

第五节　水电，无法承受未来重任

虽然水力发电中的水能是一种可再生的清洁能源，但水力发电仍无法承担未来人类发展的重任。

因为为了能有效地利用天然水能，需要人工修筑能集中水流落差和调节流量的水工建筑物，比如大坝、引水管道等，这样就决定了工程投资大、建设周期很长，环境也会遭到破坏。

一、水电发展，环境之痛

至 2008 年时，全世界水电装机总容量为 4 亿多千瓦，仅占可利用资源的 18%。发达国家水能资源利用比较充分，虽然它们只拥有可开发水能资源的 38%，但开发利用的程度很高。比如，瑞士为 99%，法国为 93%，意大利为 83%，德国为 76%，日本为 67%，美国为 44%。

发展中国家虽然占有水能资源的 65%，但目前只开发利用了 4%。例如，非洲的扎伊尔水能蕴藏量达 1 亿千瓦，而水能利用率尚不到 1%。

虽然，很多国家的水电开发率参差不齐，有的国家高达

90%，有的国家不到 10%，无论怎样，在修建大型水利水电工程时，建设水电站对生态环境的影响非常严重。在发展水电的同时，也有越来越多的国家开始认真研究在某种极端的情况下，如何终止或放弃水电开发、利用的方案。

在未来发展中，生态环境问题会成为我国水电建设乃至整个水利事业进一步发展的重要制约因素。

若想正确处理修建大型水利水电工程与保护生态环境的关系，就必须科学地、实事求是地分析修建大型水利水电工程可能导致的生态环境问题。

从普遍意义上来讲，水利水电工程在环境方面的问题主要有：如何解决好移民问题，如何处理泥沙与河道影响，以及如何处理对气候、水文、地质、土壤、水体和生物物种的影响。

水库修建后无法改变下游河道的流量，使得周围环境受到严重的影响。水库不仅可以储存汛期洪水，还能截流非汛期的基流。这样会使得下游河道水位大幅度下降，甚至出现断流的情况。

1960 年，三门峡水库开始蓄水，一年半后，15 亿吨泥沙全部淤积在潼关——三门峡河段。潼关河床抬高了 4.5 米，淤积带延伸到上游的渭河口，形成拦门沙，两岸地下水位也随之抬高，从而造成两岸农田次生盐碱化。

河流中原本流动的水在水库里停滞后便会发生一些变化。首先是对航运的影响，如过船闸的时间快慢，影响着上下船只航行的速度。其次，水库蓄水后，随着水面的扩大，蒸发量的增加，水汽、水雾也会随之增多。

水库的水停滞后，对地质也有很大的影响，比如，触发地震、塌岸、滑坡等不良地质灾害。甚至水库渗漏造成周围地区的

水文条件变化，造成周围地区和地下水的污染。

当库内水流流速变小，降低了水、气界面交换的速率和污染物的迁移扩散能力，因此，复氧能力减弱，使得水库水体自净能力降低。库内水流的流速变小，透明度增大，促进了藻类的光合作用。

坝前储存数月甚至几年的水，因大量藻类的生长，而出现富营养化的情况。被淹没的植被和腐烂的有机物会大量消耗水中的氧气，并释放沼气和大量二氧化碳，这也是导致温室效应的原因之一。

悬移质沉积在库底，长期累积不散，若含有有毒物质或难降解的重金属，会形成次生污染源。

水库的阻挡，切断了洄游性鱼类的洄游通道；水库深孔下泄的水温较低，影响下游鱼类的生长和繁殖；下泄清水，影响了下游鱼类的饵料，从而影响了鱼类的产量。高坝溢流泄洪时，高速水流造成水中氮氧含量过于饱和，致使鱼类产生气泡病。

如葛洲坝水电站，每秒下泄流量为 41 300 至 77 500 立方米，氧饱和度为 112%至 127%，氮饱和度为 125%至 135%，致使幼鱼死亡率达 32.24%。

水库蓄水也会影响到陆地上的植物与动物。永久性及直接的影响方面，库区淹没和永久性的工程建筑物会对陆生植物和动物的生存环境造成直接破坏。间接的影响指的是，局部气候变化、土壤沼泽化、盐碱化等所造成的对动植物的种类、结构及生活环境等的影响。

水库淹没区和浸没区原有植被的死亡以及土壤可溶盐都会使得水体中氮磷的含量增加，库区周围农田、森林和草原的营养物质随降雨径流进入水体，也会形成水体富营养化，对某些水生生物的生存构成威胁。

水位的变化也会给人类的生存环境带来改变，造成疾病的流行，不少疾病如阿米巴痢疾、伤寒、疟疾、细菌性痢疾、霍乱、血吸虫病等都直接或间接地与水环境有关。如丹江口水库、新安江水库等建成后，原有陆地变成了湿地，使得蚊虫更加易于生存，从而导致人们的生存条件变得恶劣。

由于三峡水库介于两大血吸虫病流行区（四川成都平原和长江中下游平原）之间，建库后水面增大，流速减缓，因此钉螺（钉螺是传染血吸虫病的生物媒介）能否从上游或下游向库区迁移并在那儿滋生繁殖，也成为需要重视的环境问题。

三峡水库淹没陆地面积 632 平方千米，移民总数超过 110 万人。对一批原计划搬迁重建的工矿企业实行破产或关闭。据相关资料统计，三峡库区原有 1599 个工矿企业中有 1013 个实行了破产或关闭。

我国是历史文明古国，文物古迹极多。水库库区淹没后可能对文物和景观带来影响，这一问题也需要引起高度重视。

水库蓄水可能淹没原始森林，涵洞引水也会使河床干涸，大规模工程建设对地表植被的破坏，新建城镇和道路系统对野生动物栖息地的侵占与分割……都会给原始生态系统造成很大的不利影响，甚至会加剧某些物种的灭绝，给生物多样性带来不可逆转的伤害。

比如，贡嘎山南坡水坝修建成功后，大面积珍稀树种原始林消失了，牛羚、马鹿等珍稀动物的高山湖滨栖息活动地丧失了。

总而言之，水力发电并不是一件完美的能源开发方式。鉴于水电开发的特点，水电开发存在很多制约因素，这也让水电利用无法承担未来重任。

二、水电受到的各种制约

尽管水电比较清洁，在使用的过程中没有污染，但是，由于水电以水的能量作为能量的来源，所以，水电极易受到水文条件的限制，因而水电也不是担负未来能源重任的最优选项。

1. 资源总量丰富，但人均资源量并不富裕

我国可开发的水力资源约占世界总量的16.7%，但人均水资源占有量仅为世界人均占有量的1/40。我国小水电资源虽然蕴藏量很丰富，但目前开发利用的装机容量和年发电量比例均偏低，可开发的潜在资源还很多。

小水电建设成果是可喜的，速度是快的，但仍不能满足国民经济发展和人民生活的需要，农村缺电现象仍十分严重。据估计，到2050年我国达到中等国家发展水平时，如果人均装机容量从现在的0.252千瓦增加到1千瓦，总装机容量约为15亿千瓦。即使是6.76亿千瓦的水能蕴藏量开发完毕，水电装机容量也只占总装机容量的30%到40%。

当然，由于水电的特点，对电网的安全性和调峰而言，其重要性应远高于此比例。

2. 水力资源地区分布不均匀，与经济发展的现状不匹配

从河流看，水力资源主要集中在长江、黄河中上游、雅鲁藏布江中下游、珠江、澜沧江、怒江和黑龙江上游，这七条江河可开发的大中型水电资源都在1000万千瓦以上，占全国大中型水电资源量的90%。

从地区看，西多东少，主要集中在经济发展相对落后的西部

地区。在全国可开发水力资源的年发电量中，西南地区占67.9%，中南地区占15.4%，西北地区占9.9%；而经济相对发达、人口相对集中的华北、东北、华东三大区只占6.8%。其中特别是云南、四川（包括重庆）、西藏三省区的可开发水力资源竟占全国的64.5%，是水力资源最为丰富的地区。

这种格局就要求必须加大我国西部水能资源的开发力度，加快“西电东送”的步伐。

另外，我国水资源的南北分布也不均匀，南多北少，相差悬殊。

长江流域及其以南地区的径流量占全国的80%，而北方的黄河、淮河和海河三个流域的径流量只占全国的6.6%。北方河流水资源开发利用程度较高，如辽河、海河已达到65%，黄河、淮河达40%；南方河流水资源利用率较低，如长江为16%，珠江为15%，西南诸河低于1%。跨流域调水，如引长江水北上的南水北调工程，是解决水力资源供需矛盾的战略性工程措施。但是不能够将调来的水开发用于发电。

3. 水力资源时间分布不均匀，河川径流量季节和年际变化大

我国是世界上季风最多的国家之一，大部分地区受季风影响，降水量的季节和年际变化都很大，降水时间和降水量在年内高度集中。一般雨季2到4个月的降水量达到全年降水量的60%到80%，南方大部分地区连续4个月最大径流量占全年径流量的60%左右，华北平原和辽河沿海可达80%以上。

降水量年际间的变化也很大，最大年径流量与最小量之比，南方地区为2到4倍，北方地区一般为3到8倍，长江、珠江、松花江为2到3倍，淮河达15倍，海河更达20倍之多。这些不利的自然条件要求在水电规划和水电建设中进行周到的考虑，否

则不能保证水电的供电质量和系统的整体效益。

此外，针对上述水为资源时空分布不均匀的特点，为了提高水资源的利用率，必须因地制宜地修建蓄水工程（如水库）和跨流域调水工程。蓄水、调水工程的修建受到自然条件及技术上的可行性和经济上的合理性的制约。

4. 引水用量受环境要求的制约

为了保持河川水环境的正常水流和水体的自净能力，即使在枯水季节，河流也应维持足以满足环境要求的平衡流量，这形成了对从河道取水（如灌溉、城市居民和工业用水）的饮水用量的制约。

总而言之，水电虽然是可再生资源，但是，由于各方面的原因发展水电还存在很多问题。水电依旧要发展，但是不能把未来能源的希望全部放在水电上。

就未来能源的希望而言，从资源条件尤其是土地占用来看，太阳能更为灵活和广泛。如果说太阳能发电要占用土地面积为 1 的话，水电一个大型水坝的建成往往需要淹没数十到上百平方千米的土地。相比而言，太阳能发电不需要占用更多额外的土地，屋顶、墙面都可成为其应用的场所。还可利用我国广阔的沙漠，通过在沙漠上建造太阳能发电基地，直接降低沙漠地带直射到地表的太阳辐射，有效降低地表温度，减少蒸发量，进而使植物的存活和生长相当程度上成为可能，稳固并减少沙丘，又向我们提供了需要的清洁可再生能源。

第六节 开发新能源迫在眉睫

随着社会发展，电力需求量大增，无论煤炭发电还是水力发电，它们的增长速度都无法满足人类生活的需求。能源危机，在某种程度上已经成为限制地区经济发展的决定性环节。因此，摆脱传统能源的束缚，开发新能源是亟待解决的问题。这个问题处理不好，甚至会严重制约经济的发展。

一、能源危机

随着农业生产的发展和人民生活水平的提高，要消耗的燃料和电力越来越多。如果能源的开发和建设跟不上需求，会造成能源危机。这种危机可能出现在一个地区、一个国家，甚至整个世界范围内。一个地区和国家能源储量匮乏、能源技术落后或能源政策失误，都有可能导致能源危机。

能否解决能源危机不仅关系到某个国家或某个地区的兴衰，甚至还关系到整个人类的命运。目前，世界人口比 19 世纪初期增加了两倍多，已经突破 70 亿，而据统计，能源消费却增加了 16 倍多。能源的再生速度远远跟不上人类对能源需求的增长速

度。当前世界能源消费主要是化石资源，其中我国等少数国家是以煤炭为主，也有的国家是以石油和天然气为主。

据估计，到21世纪中叶，石油资源就会开采殆尽，其价格也会升得很高，不再适于大众化使用，如果新的能源体系尚未建立，能源危机将席卷全球，工业大幅萎缩，甚至还会因为抢占剩余的石油资源而引发战争。

我国的情况也不容乐观，虽然拥有居世界第1位的水能资源，居世界第3位的煤炭探明储量，居世界第13位的石油探明可采储量。已探明的常规商品能源资源总量（以吨煤当量计）是1550亿吨，占世界总量的10.7%。但我国人口众多，人均能源资源探明量（以吨煤当量计）只有135吨，相当于世界平均拥有量(以吨煤当量计)——264吨的51%；我国煤炭人均探明储量为147吨，是世界人均值——208吨的70%；石油人均探明储量2.9吨，是世界人均值的11%；此外，天然气为世界人均值的4%；我国最为丰富的水能资源也低于世界人均值。

具体来讲，主要体现在以下几个方面。

1. 消费需求不断增长，资源约束日益加剧

2000至2020年，国家规划GDP增长4倍，而能源消耗增长1倍。从发展趋势来看，我国工业已进入重化阶段；从世界各国发展的历史规律来看，能耗迅速增长阶段似乎不可逾越。我国能源资源总量比较丰富，但人均占有量较低。随着国民经济平稳较快地发展，城乡居民消费结构升级，能源消费将继续保持增长趋势，能源总量需求面临巨大压力，资源约束矛盾更加突出。

2. 结构矛盾比较突出，可持续发展面临挑战

目前，我国过分依赖煤炭的消费，煤炭在一次能源的消费构成过多，煤炭消费占我国能源消费的69%，比世界平均水平高

42%。煤炭占一次能源比重过大必然会带来效率低、效益差、环境污染严重的后果。我国的大气环境污染与大量消耗煤炭有关。

我国二氧化碳总排放量仅次于美国居世界第二位。我国的能源消费仍将随经济的发展而增长，故二氧化碳排放量有可能在2020至2030年间超过美国。届时，我国不仅面临着温室气体排放问题的政治和外交方面的压力，而且经济发展和对外贸易也可能面临新的问题。以煤炭为主的能源消费结构和比较粗放的经济增长方式，带来了许多环境和社会问题，经济社会可持续发展受到严峻挑战。

3. 国际市场剧烈波动，安全隐患不断增加

2007年开始，国际石油价格不断攀升，给我国经济社会发展带来了多方面的影响。我国战略石油储备体系还不完善，一旦供应中断，就必然会带来严重的损失。影响天然气安全供应的因素也越来越多。煤矿的安全生产形势愈加严峻。维护能源安全任重道远。

4. 能源效率亟待提高，节能降耗任务艰巨

我国的能源利用效率远低于西方发达国家，从单位国内生产总值的能源消费来看，我国的能源效率比较低，主要耗能产品的单位产品能源消耗比发达国家高出12%到55%。我国尚处在工业化、城镇化加快发展的阶段，能源消耗量十分巨大，因而提高能源利用效率，减少能源消耗，是一项长期而艰巨的任务。

5. 科技水平相对落后，自主创新任重道远

科技发展是解决能源问题的根本途径。与世界先进国家相比，我国在能源高新技术和前沿技术领域还有相当差距，能源科技自主创新任重道远。体制约束依然严重，各项改革有待深化。煤炭企业社会负担沉重，竞争力不强。完善原油、成品油和天然

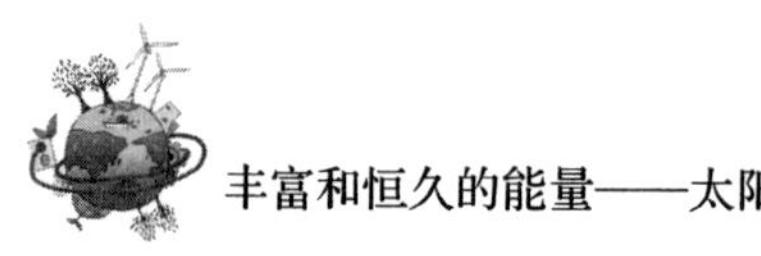

气市场体系，还有大量需要解决的问题。电力体制改革方案确定的各项改革措施有待进一步落实。

6. 农村能源问题突出，滞后面貌亟待改观

到目前为止，有相当数量的农民没有得到良好的能源服务，他们仍依赖当地的农业废弃物（秸秆、柴草等）作为主要能源，有些地方甚至仍在砍伐森林和破坏生态。农村能源存在的主要问题：一是生活用能商品化程度偏低，二是地区发展不平衡。西部农村普遍存在能源不足问题，东、中部山区和贫困地区用能状况也需要进一步改善。全国尚有 1000 多万无电人口，加快农村能源建设，改善农村居民生产生活用能条件，是建设社会主义新农村的必然要求。

即将到来的能源危机大环境，对于中国电力的供应产生不利影响。虽然，国家也加快了火电审批速度，以求缓解供电压力。但是，传统火力发电受资源、环境保护等条件限制，发展空间已经相当有限。在这种背景下，新能源开发就成了解决能源问题的最佳出路。

二、电力危机

改革开放之后，我国经济蓬勃发展，增速远超世界其他各国，同时，电力基础设施的建设也比较完善，甚至在短时间内增长了 3 倍，其中增长主要来自于燃煤发电。然而，随着经济的持续发展，能源需求继续高涨，当前环境问题和城市空气污染问题已十分严重，迫使人们不得不考虑采用更加清洁的能源。

在经济持续增长的情景下，2012 年至 2035 年，我国年均电

力需求增速将为4.1%，仅为2002年至2012年平均增速的1/3。但是这一增长仍然十分强劲，因为能源需求的基数在不断增大。到2026年，我国的电力需求预计会较2012年翻一番，总电力负荷到2035年将会超越美国和欧洲的总和，这是一个庞大的数字，也是一个需要尽快解决的问题。

巨大的能源需求迫在眉睫，然而，若不尽快拿出解决这个问题的办法，真正到不得不面对的时候，只会措手不及。

三、能源之星——太阳能

随着能源危机日益加剧、国家节能减排压力逐渐加大，近年来，人们采取了多种措施推进新能源的开发和利用。国家战略性发展的新能源有几个重点，包括核能、风能、太阳能和生物质能源。

核能作为清洁、高效的新能源，在近几十年间得到快速发展。但是，2011年发生在日本的核泄漏，给人们头上泼了一盆冷水。核电安全问题迅速成为人们最为关注的焦点，全世界都在进行一场轰轰烈烈的关于核能去留问题的大讨论。连传统核电大国——法国也开始讨论核电要不要发展的问题。

核能安全问题为它的发展蒙上一层阴影，也许我们应该期待着其安全技术进一步完善。在传统能源受限，核能又前途未卜的情况下，其他形式新能源的开发利用就成为新能源开发的重点。

风能和太阳能也是我们比较熟悉的能源形式。风能的利用历史悠久，是一种分布广泛、清洁、丰富的能源。但是，风能开发受地域限制较大，而且有间歇性、转换率低、技术不成熟等缺

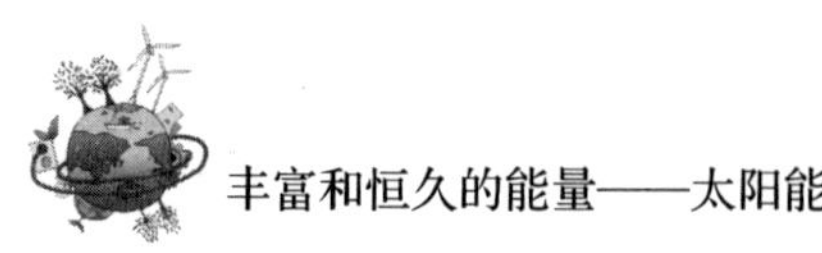

点。研发投入不足导致技术落后、设备产能过剩、并网难等都成为风电发展过程中显现出的问题。

相比于风能，太阳则常年不知疲倦释放着 1.3×10^{21} 千卡/年（1 千卡≈4.19×10^{3} 焦）的能量，其中 30%被反射，23%被大气吸收，47%被地球吸收，这相当于 12.5 个地球的矿物总能量。太阳能可以说是上帝赐予人类最美好的礼物，是一种取之不尽、分布广泛、清洁、长久的能源形式。

不仅如此，太阳能还具备其他新兴能源不具备的良好产业基础。众所周知，最常见的太阳能利用形式有两种：光电转换和光热转换。光电转换又分为光伏发电和光热发电。“十二五”规划提出，未来 5 年太阳能装机总量将扩大 10 倍，增至 1000 万千瓦。光伏太阳能行业也得到相应政策支持，形成一定产业集群。

自 2007 年起，山东、河北、海南、上海等省市相继出台太阳能热水器“强装令”以及“阳光屋顶计划”，都极大地推动了太阳能产业的快速发展。而山东省更是率先提出要加快太阳能锅炉在工业节能中的推广应用，再次为太阳能行业加快发展注入新动力。

传统能源是不可再生能源，想要健康发展，就要转变能源结构，发展新能源，让新能源逐渐替代传统能源。新能源有很多种，其中太阳能就是最好的选择之一。

第二章　太阳能，令人惊奇的能源

太阳能，一般指太阳光的辐射能量，在现代一般用作发电或者为热水器提供能源。自地球形成以来，万物生长靠太阳，太阳为地球上的生命存在提供了能量。在生活中，人们利用太阳光晾晒衣物，保存食物，制盐和晒咸鱼等各种生产活动，也都是利用太阳的能量。可以说，没有太阳，人类即使有足够的食物，也是难以生存下去的。

太阳能够给地球带来源源不断的能量，并且为地球的生命创造了重要条件。那么，太阳能是怎样产生的呢？为什么太阳燃烧这么久，依旧每天不停地发光发热呢？一言以蔽之，太阳能，是一种令人惊奇的能源。本章将会对这些问题做出详细的解答。

第一节　燃烧吧，太阳

太阳就像一颗熊熊燃烧的大火球，温度高，表面温度约为6000摄氏度。炙热的太阳，亘古至今，一直以其光和热哺育着地球万物。它给地球上生物的生长和繁育提供了能量，并且对全球气候的形成和演变产生了重要影响。没有太阳，地球就是一片黑暗的死寂，没有温度，毫无生机。太阳，绘就了地球上生机勃勃的图画。

一、太阳传说

人们很久之前就开始关注太阳。古人们想不明白，为什么太阳能够源源不断地散发着热量？为什么太阳东升西落？为什么太阳有时大有时小？诸如此类的问题，他们都没有办法解释。于是，人们便编织了很多美好的传说。

关于太阳的故事，我国中原地区有后羿射日的传说，有三足乌的故事，古蜀国也流传着一个美丽动人的传说。

相传很久很久以前，古蜀国有一个古老而神秘的部落——金沙，那里四季如春，鸟语花香，富饶美丽。人人安居乐业，过着无忧无虑的生活。突然有一天，太阳消失了，整个金沙一片黑暗，伸手不见五指。

人们焦急地请来四大长老帮忙寻找太阳。

第一天，四大长老来到一座高山寻找太阳。月亮下来了，给了他们一个盒子，并告诉他们，太阳被可恶的大巫师捉走了，要在遇见大巫师的时候，才能拿出这个盒子里的东西。月亮说完后，四大长老继续向前走。

第二天，四大长老来到一片茂密的森林。星星来了，给了他们一个布袋，并告诉他们，要在打开月亮给的宝盒之前打开这个布袋。星星说完后，四大长老继续向前走。

第三天，他们来到了金沙河边，大巫师和太阳正在那里。于是四大长老立刻打开了星星的布袋，霎时两道强烈的金光飞向大巫师的眼睛，大巫师的眼睛突然痛得不能睁开。

四大长老看见了，急忙打开了月亮的宝盒，只见四条金绳蹿出宝盒，分别跳到了四大长老手上。

四大长老拿着金绳，从东南西北四个方向朝大巫师扔了过去，把大巫师捆住了，大巫师怎么挣扎也动弹不了。

就这样，可恶的大巫师被制伏了，太阳被救了出来。四大长老为了不让太阳再次被偷走，就化作四只美丽的太阳神鸟，时时刻刻守护着太阳。太阳也因为神鸟的保护，发出了 12 道神奇的金光，变得更加辉煌灿烂。

从这个神话故事中，我们也能理解到太阳的基本特征，就是散发金光，光辉灿烂。

二、太阳的结构

太阳是一个永恒的发光体，每天向宇宙空间放射大量的能量，那么，太阳是怎样的结构呢？

事实上，太阳的外部结构就是太阳大气层。太阳大气层从里向外分为光球、色球和日冕。光球就是我们平时所看见的明亮的太阳圆面，光球厚度约 500 千米。

太阳光球的中间部分要比四周亮一些。这种现象的产生是由于我们看到的太阳圆面中间部分的光是从温度较高的太阳深处发射出来的，而圆面边缘部分的光则是由温度较低的太阳较浅的层次发出来的。

光球之外是非常美丽的红色的色球层。色球层的厚度约 2000 千米，上面布满了大小不一、形态多变的头发状的结构，人们把这些结构称为针状体。色球层的温度越往外面越高，最外层的温度高达 10 万摄氏度。平常情况下，我们看不到色球层，这是因为太阳光穿过地球大气中的分子和尘埃时发生了散射，使天空变成了蓝色，在这蓝色的背景中，色球层就被淹没了。但是，发生日全食的时候，当太阳光被月亮完全遮住的那一瞬间，色球层就能显露出自己的真实面目。

日冕是太阳大气层最外面的一层，从色球层的边缘向外延伸出来，甚至可以达到 4 至 5 个太阳半径那么远。日冕平时根本看不见，因为它的亮度只有光球的 1/100，只有在发生日全食的时候，才能够看到日冕。

日冕的温度相当高，太阳光球的温度大约是 6000 摄氏度；

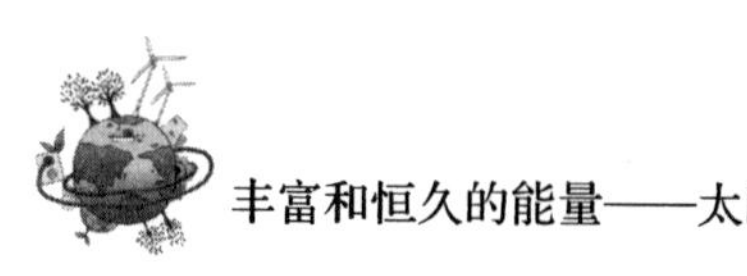

到了色球和日冕交界的区域，温度达 1×10^5 摄氏度以上；日冕的温度达 100 万至 200 万摄氏度。在这么高的温度条件下，所有的物质都将成为电离状态。

虽然日冕的温度高，但是，它的总热量是很低的。因为日冕的物质太稀薄了。

当我们用专门观测太阳的望远镜观测太阳表面时，会发觉它一直处于剧烈的运动中，这就是太阳的活动。常见的太阳活动包括黑子、耀斑、日珥和太阳风。

在太阳光球的表面，常常会出现一些黑色的斑点，这是光球表面上翻腾着的热气卷起的旋涡，人们管它叫“黑子”。黑子出现的时候，有的是单个的，但一般情况都是成群结队出现的。黑子其实并不黑，它的温度高达 4000 至 5000 摄氏度，也是很亮的，只是在比它更亮的光球表面的衬托下，才显得暗。这些黑子的大小不一，小的直径也有数百米到 1 千米，大的直径可达 10 万千米以上，里面可以装上几十个地球。

太阳上最剧烈的活动现象是耀斑，它们通常都出现在黑子附近。当黑子出现得多时，耀斑的出现也很频繁。耀斑产生于太阳光球上面的一层大气层里面，即色球层。色球层的厚度约为 2500 千米，所以，耀斑又称色球爆发，或者太阳爆发。

在日冕上增亮的面积超过 3 亿平方千米的叫耀斑，小于 3 亿平方千米的叫亚耀斑。我们整个地球的表面积为 5.1 亿平方千米。你可以想象耀斑的区域和它释放的能量有多大了。一个耀斑从产生到消失，它释放的总能量几乎相当于 100 亿个百万吨级的氢弹爆炸产生的能量。

日珥是在太阳的色球层上产生的一种非常强烈的太阳活动，是太阳活动的标志之一。平时，我们是无法看到日珥的。在日全食时，我们可以看到太阳的周围镶着一个红色的环圈，上面跳动着鲜红的火舌，日珥就是这种火舌状的物体。

三、太阳风

太阳风指的是从太阳大气层最外层的日冕向空间持续抛射出来的物质粒子流。其实，太阳风名字的由来是与彗星有联系的。

当科学家们使用先进的观测手段观测彗星时，发现彗星距离太阳越近，彗星就会越明显，彗星也就变得越长。于是，科学家们认为，之所以彗星接近太阳后有明显的变化，可能是太阳放射了一种类似于风的东西。

20 世纪中叶，美国人通过在卫星上安装粒子探测器，探测到了太阳上有微粒流从日冕的冕洞中发出，因此美国科学家帕克将其形象地命名为“太阳风”。

有记载称，1959 年 7 月 15 日，人们观测到太阳突然喷发出一股巨大的火焰（太阳风的风源）。7 月 21 日，这股猛烈的太阳风吹袭到了地球的近空，使得地球的自转周期刹那间减慢了 0.85 毫秒。仅仅是这 0.85 毫秒，就使得地球在当天时间内，发生了多起地震。同时，地球磁场也发生了被称为“磁暴”的激烈扰动，环球通信突然中断，一些靠指南针和无线电导航的飞机、船只一下子变成了“瞎子”和“聋子”。

太阳活动证明着它自身的活力。对于我们人类而言，这些活动对我们有害无益。了解太阳活动，就是为了趋利避害。万物生长靠太阳，如果没有太阳的燃烧，我们的生活将会陷入一片黑暗。为此，我们真心希望，太阳继续燃烧。

第二节　太阳的能量来自何方

太阳是一颗发热发光的恒星，对人类而言，太阳光是自然光源中最明亮的。

太阳为什么会发出强烈的光和热呢？很久以来人们一直没有弄明白这其中的道理，直到20世纪30年代末，德国著名物理学家贝特才提出恒星能量生成理论。他的理论为太阳的能量来自何方提供了答案。

一、太阳能量巨大

根据天体物理学的理论计算，太阳内部的温度高达1500万至2000万摄氏度，压力高达3000多亿个大气压，密度高达1立方厘米160克。

科学家们通过计算得知，太阳的总亮度大约为2.5×10^{27}烛光（烛光是光源明亮度的单位，我国早些时候，把每1瓦的白炽灯的发光强度称之为1烛光）。

地球周围有一层厚达100多千米的大气，使得太阳光减弱了20%左右。在修正了大气吸收的影响后，地球得到的太阳真实亮度将变得更大，约为 3×10^{27} 烛光。

太阳的温度和亮度非常大，那么辐射能量也一定会是非常大的。平均来说，在地球大气外面正对着太阳的 1 平方厘米的小面积上，每分钟接收的光能量大约为 1.96 卡。这是一个很重要的数字，被称为太阳常数。

太阳常数表面上看似乎不是很大。但太阳在距离地球 1.5 亿千米之外，它的能量只有二十二亿分之一到达地球。整个太阳每秒钟释放出来的能量，高达 3.8×10^{26} 焦。这相当于每秒钟燃烧 1.28 亿吨标准煤所放出的能量。人们不禁会问：如此巨大的能量，究竟来源于哪里呢？这个问题困扰了人们很长时间。

20 世纪 30 年代末，德国著名物理学家贝特才提出恒星能量生成的理论。他指出，氢是太阳的燃料，太阳上所进行的反应不是一般的化学反应，而是在高温中进行的热核反应。

这个理论是对太阳研究的突破性的进展，成为现代天体物理学、天体演化研究的理论基础，贝特也因此获得了诺贝尔物理学奖。

我们已经知道，太阳内部在高温中进行着热核反应。对于太阳能量来自何方，我们需要了解太阳的构成和发热情况。

二、太阳的组成元素和高温辐射

太阳由氢、氦、氧、碳、氮、氖、镁、镍、硅、硫、铁、钙等 60 多种元素组成，其中最丰富的元素有 12 种。氢的含量占 1/2 以上，氦的含量也很高。太阳上的所有元素都以炙热的气体形式存在。

太阳的中心部分主要是由氢气构成的，太阳的重量十分庞大，所以连氢这么轻的气体也被它的引力拉住，而不能逃脱到外面去。太阳中心部分的温度高达 1.5×10^7 摄氏度以上，压力达到几千亿大气压（1 大气压=0.1 兆帕）。

几十亿年来，太阳内部释放的原子能，由内部传到表面，使太阳不断地发射光和热。此外，还有能量很高的微小粒子也会被发射出来。

太阳表面的温度很高，约 6000 摄氏度，比炼钢炉中的温度还高很多。在如此高的温度下，太阳表面存在的各种金属都变成了蒸气。

在地面上，温度达到 100 摄氏度时，水就沸腾了；炼钢时温度达到 1000 摄氏度时，铁矿石将熔化成铁水流出；最难熔的金属钨，它的熔点也只有 3370 摄氏度。这比起太阳的 6000 摄氏度和 1.5×10^7 摄氏度，简直就是望尘莫及。

太阳的光和热向四面八方辐射，太阳家族成员接收到光和热后，发生反射，产生一定的光热效应。地球接收到太阳的光和热很少，只有太阳放出的所有光热的二十二亿分之一。但这些光和热对地球产生的影响却是巨大的。

经过科学家计算，目前太阳每秒钟要释放出 3.8×10^{26} 焦耳的热量，每秒钟需要消耗 6 亿吨氢。太阳在一年之内可以产生出 3.8×10^{23} 千瓦的太阳能。

三、太阳会“死”吗

太阳每天放出大量的光和热，那么，有没有这么一天，当太阳上的氢元素等燃料燃烧尽了，世界会变得一片漆黑？也就是说，太阳会“死”吗？

这个问题不是很好回答。首先，如果太阳全部由氢元素组成的话，那么还可以继续存活 1000 亿年。实际上，太阳并不是全由氢元素组成的，因此估计，太阳还可以在未来很长时间内继续放射出光和热。

科学家研究证实，太阳内部蕴藏着大量的氢，在太阳内部高温高压的条件下，那里正在进行着热核反应，4 个氢原子核聚变为一个氦原子核。热核反应进行的时候，释放出大量的能量。但是，这种反应比较缓慢。几百亿年以后，当这种反应停止了，太阳中心就会形成氦核，不再产生能量，太阳的体积会迅速增大，成为红巨星。这时它的表面温度变低，颜色变红，体积很大，但是平均密度很小。此后，大约经过 10 亿年，经过爆发，变成白矮星，再变成黑矮星，最后消失。

有专家预测，到目前为止，太阳中氢的储量足够维持 600 亿年，而太阳内部组织因热核反应聚合成氦，其内部的氦原子远远多于外部，这说明太阳刚刚进入中年，它至少还有 50 亿年的时间来进行这种聚合。

与这几百亿年的时间相比，我们人类不过是“寄蜉蝣于天地，渺沧海之一粟”，换言之，相对于我们人类的生命甚至人类史的长度来讲，太阳是不“死”的。我们大可不必为太阳耗尽燃料的那一天惴惴不安。即使人类有幸繁衍生存到太阳垂垂暮年的时候，人类科技的发展可能已经足够寻找到一处更加适合生存的乐土了。从这个角度上讲，太阳能对我们人类而言，就是取之不尽、用之不竭的。

小资料：太阳的归宿

红巨星是恒星的一个阶段。恒星和我们人类一样，也是有寿命的。当一个恒星进入老年期时，它就会变成红巨星。红巨星是恒星一生中较短的一段时期，而且很不稳定。每颗恒星的红巨星阶段是不同的，一般都是数百万年不等。对于我们人类而言，数百万年是非常长的时期，然而对于寿命长达几十亿年的恒星而言，就是非常短暂的一段时光了。太阳作为一颗恒星，也会存在相同的情况。

红巨星时期的恒星表面温度相对很低，但极为明亮，而它们的体积非常巨大。通常来讲，恒星进入红巨星阶段，要经历这样的演化过程：内核收缩、外壳膨胀——燃烧壳层内部的氦核向内收缩并变热，而其恒星外壳则向外膨胀并不断变冷，表面温度急剧降低。这个过程非常短，仅仅数十万年，这颗恒星在迅速膨胀中变为红巨星。

红巨星形成之后，就要进入下一阶段——白矮星。进入白矮星阶段，太阳会发生这样的变化：外部区域迅速膨胀，氦核受反作用力强烈向内收缩，被压缩的物质不断变热，最终内核温度将超过一亿度，点燃氦聚变。最后的结局将在中心形成一颗白矮星。

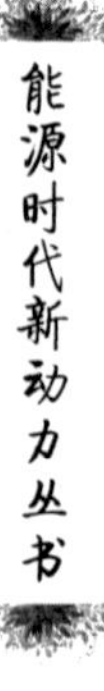

第三节　太阳能的优缺点

太阳对我们人类很重要。太阳照亮世界，哺育万物，为各种生命提供充足的食物和适宜的温度，让地球上凡是有阳光照耀的地方就有生机。太阳的能量是遍布全世界的清洁可再生能源。然而，凡事无绝对，我们要认清楚太阳能的优点，也要认识到，太阳能也不是完美无缺的。看到太阳能的缺点，就是为了扬长避短，更好地利用它的优点。

一、太阳能的优点

自古至今，太阳一直以稳定的姿态发射出万丈光芒，给寒冷的地球送来了光明和温暖，给芸芸众生带来了无尽的生机。

作为一种能量，太阳能有以下几方面的优点。

1. 能量巨大

太阳的能量巨大，这点在前面已经作过比较详细的描述和讨论。再举个例子来说，假如把目前全世界人类每年所用的各种能源比作 1 吨炸药爆炸时所释放的能量的话，那么每年到达地球表面可以供人类利用的太阳辐射能就相当于一颗原子弹（2×10^4 吨

级）爆炸时所产生的能量。因此，与太阳的能量相比，人类的能量需求可谓是“微不足道”了。

2. 时间长久

根据恒星演化的理论，太阳按照目前的功率辐射能量，其时间大约可以持续100亿年。按照天文和地质观测的结果，已知太阳系的生成年龄大约为4.5×10^9年，即4.5亿年左右。因此可以说，太阳维持目前的辐射功率的时间，还能够比太阳系已经生成的年龄长得多。因此人们常说，太阳能是“取之不尽，用之不竭”的。

尽管从哲学的观点来看，这样的提法未免绝对化，而且也不够科学，因为任何事物都有消亡的一天。太阳系也一样，太阳的光芒也总有一天会“熄灭”。但是，与人类形成的历史不超过100万年相比，太阳100亿年的能量辐射持续时间总可以认为是足够长久的了。不像地球上所蕴藏的传统能源那样，在百年之后就难以为继了。

3. 普照大地

太阳能分布在全世界，随时随地都可以获取。尽管由于地理和气象条件的差异，各地可以利用的太阳能资源多少有所不同，但它既不需要开采和挖掘，也不需要运输。只要有合适的设备，就能把太阳能转化成人们想要的能源。

4. 清洁干净

太阳能可以当之无愧地称为“清洁的能源”，因为太阳能既安全卫生，又对环境毫无污染。这是太阳能所独有的优点，远非其他任何能源可比，这是太阳能的优势之一。

目前，人类所利用的传统能源，都严重地污染环境，既污染大气，又污染水源，还经常造成“酸雨”，毁坏庄稼和森林，动物和人体健康也深受其害。

此外，有人曾经估算过，由于目前人类所用的各种传统能源燃烧后都要排出大量的二氧化碳，不仅使到达地球表面的太阳辐射能受到影响，更加严重的是，大气层中二氧化碳的含量不断增加，大量地吸收地面对天空的长波辐射，使得地面上的热量不能及时散发出去，因此，会造成全球范围内的气温持续升高。

气温升高，造成温室效应，最终将会使南极洲的大面积冰山融化，从而使全球的海平面升高，不少沿海地区（包括大城市）都将被淹没，这会导致不堪设想的严重后果。

根据目前世界范围内的估算，一致认为要清除空气中的污染所需的经费，大约是所用燃料经费的 10 倍。而使用太阳能就丝毫不存在以上的问题。

二、太阳能的缺点

太阳能虽然具有上面所说的诸多优点，并且其中有些优点还是它所特有的，但是，它也不可避免地存在一些缺点，使它未能迅速地和大面积地推广应用。那么，它究竟有哪些缺点呢？具体而言，有以下几点。

1. 太阳能单位面积上的强度比较弱

虽然到达地球大气层上界和到达地球表面的太阳能都十分巨大，但它的强度却是相当弱的，也就是说，在单位时间内投射到单位面积上的太阳能是相当少的。从到达地球大气层上界的太阳能来说，太阳常数的值就表明了这个强度的大小，即在地球大气

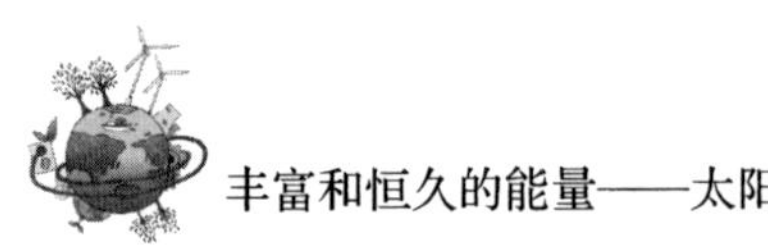

层外每平方米垂直于太阳光线的面积上接收到的太阳辐射功率只有 1353 瓦。而垂直投射到地球表面每平方米面积上的太阳辐射功率就只有 1353 瓦×47%≈640 瓦。

2. 太阳能是不连续的

太阳能的一个最大弱点就是它的不连续性。对于地球上的绝大部分地区来说，一年到头总有将近一半的时间处于“黑暗”之中，而在其余的一半时间内还要受到天气的影响，这就严重限制了太阳能的应用。难怪我国有些地方的群众经常说：“太阳能，太阳能，有太阳就能，没太阳就不能。”这是一句简单明了、直截了当的评语。意思就是说，阴雨天利用太阳能已经十分困难，而夜晚就根本无法利用太阳能了。

3. 太阳能是不稳定的

太阳能的另一个缺点就是它的不稳定性。经验表明，同一个地点在同一天内，日出和日落时的太阳辐射强度远远不如正午前后；而在同一个地点的不同季节里，冬季的太阳辐射强度显然又远远比不过夏季。

以上的情况主要是由于下列两个原因所造成的。

第一，由于太阳的高度角不同，对于同一个水平面的入射角自然不同。而在单位水平面上所接收到的太阳辐射能，除了与太阳辐射强度本身成正比外，还与太阳高度角的正弦成正比，或者说与太阳辐射的入射角的余弦成正比。显然，当太阳高度角越大，或者说太阳辐射入射角越小，也就是说越接近于正射时，地面上同一水平面内所接收到的太阳能就越多；反过来，当太阳高度角越小，或者说太阳辐射入射角越大，也就是说越接近于掠射时，地面上同一水平面内所接收到的太阳能就越少。这一点，大家在晾晒衣服时一定体会很深：把要晾晒的衣服平面正对太阳辐射时干得最快，而侧对太阳辐射时干得就慢。

第二，当太阳的高度角不同时，太阳辐射所透过的大气层厚度也不同。一般说来，日出或日落时与正午时太阳辐射所透过的大气层厚度之比，常可达到 10∶1 以上。这时会产生两方面的效应：一方面是由于大气分子和灰尘对于太阳辐射的吸收，使得日出或日落时的太阳辐射强度弱得多，另一方面是由于大气分子和灰尘对太阳辐射的散射，波长越短的辐射所受到的散射程度就越厉害。

既然开发和利用太阳能的主要目的，是把它作为一种新能源来补充和逐步替代原有的传统能源，那么，很自然地就要求它具有一般传统能源所具备的共同特点，就是能够成为一个持续而稳定的能源。所以，怎样尽量弥补和克服上面所提到的几方面缺点，就成为开发和利用太阳能的研究工作的重点课题了。

三、太阳能利用

了解到太阳能的优缺点，是为了我们更好地开发太阳能。事实上，太阳能不仅不需要开采，也免去了像运输这样的耗时耗力的活动。太阳能对环境还没有污染，是当之无愧的清洁能源。

辐射到地球上的太阳光线是由 7 色（红、橙、黄、绿、蓝、靛、紫）各种波长的光波组成的，其中能量密度最大的是波长 0.55 微米的绿色光线区域。植物为了尽量捕捉太阳能加以利用，吸收 0.55 微米附近的能量，植物叶绿素的颜色和太阳光的绿色是一致的。

一般来讲，在地球上的北回归线附近，在天气较为晴朗的情

况下，夏季正午时分的太阳辐射的强度最大，在垂直于太阳光方向1平方米的面积上接收到的太阳能在1000瓦左右。但是，若把全年接收到的太阳光强度进行日夜平均，则只有200瓦左右。因为冬季大致只有这个标准的1/2，阴天一般只有这个标准的1/5左右，这样的能量密度是很低的。因此，在利用太阳能时，想要得到一定的转换功率，往往需要面积相当大的能量收集和转换设备，造价较高。

由于受到地理纬度、海拔高度、昼夜和季节等自然条件以及时间的限制，还有阴、晴、云、雨等天气随机因素的影响，所以，到达某一地面的太阳辐照度既是间断的，又极不稳定。这给太阳能的大规模应用设置了障碍。

要使太阳能成为连续、稳定的能源，从而最终成为能够与传统能源相竞争的替代能源，把晴朗白天的太阳辐射能尽量储存起来，以供夜间或阴雨天使用，这就涉及能量储存的问题。但目前蓄能也是太阳能利用中较为薄弱的环节之一。

目前太阳能利用的发展，有些方面在理论上是可行的，技术上也是成熟的。但有的太阳能利用装置，因为效率偏低，成本较高，总的来说，经济成本还不能与传统能源相竞争。在今后相当一段时期内，太阳能利用的进一步发展，主要受到经济成本的制约。

虽然有这样那样的缺点，总而言之，太阳能既是一次性能源，又是可再生能源。它资源丰富，既可免费使用，又无须运输，对环境无任何污染。为人类创造了一种新的生活形态，使社会及人类进入一个节约能源减少污染的时代。

现在世界各国都非常重视太阳能的发展，这种趋势也证明了，尽管太阳能还存在很多不足，但是依旧有光明的前景，是一种利用性能优良的新能源。我们国家在开发太阳能的同时，也要注意扬长避短，利用太阳能的优点，克服太阳能的缺点，让太阳能为我们的生活贡献更多能量。

第四节　能源之母——太阳

太阳是人类的能源之母。太阳不仅直接给地球提供光和热，太阳还是形成水能、风能、生物质能、煤、石油、天然气等能源的间接力量。可以说，太阳和人类的生活息息相关，人类时时刻刻享受着太阳带来的实惠。

在太阳系中，唯一能散发光热的星体就是太阳了。如果没有太阳，地球上的生命也无从谈起。太阳是地球当之无愧的能源之母。

相对于太阳而言，地球不过是一颗微不足道的小卫星。太阳向宇宙空间发射的辐射功率达到 3.90×10^{26} 瓦的辐射量，其中只有二十二亿分之一的能量达到地球大气层。这是因为地球外部有一层厚厚的大气层，其中 30%被大气层反射到太空中，23%被大气层吸收，只有约 47%的太阳辐射能到达地球表面。单这一部分能量，对于人类而言，就是一笔取之不尽、用之不竭的能源宝库。

太阳给了地球光和热，除了原子能、地热和火山爆发的能量之外，地球上的绝大多数能源都与太阳有直接或间接的关系。我们设想一下，如果没有太阳，地球将接近绝对零度。所谓绝对零度，就是−273.15 摄氏度。在这个温度下，地球上没有生命可以存在，更不用谈什么人类文明了。

当然，这些都是假设，正是因为太阳的存在，才有了地球上的万物。太阳给我们人类带来了温暖与光明，带来了季节和日夜的轮回。它左右着地球冷暖的变化，也为地球生命提供了各种形式的能源。

太阳能可以分为广义的太阳能和狭义的太阳能。具体来讲，广义的太阳能就可以包括生物质能、风能、水能、海洋能等能源，狭义的太阳能包括太阳辐射的光热、光电和光化学的直接转换。可以说，地球上除核能、地热能和潮汐能以外的所有能量几乎都来自于太阳。

亘古至今，太阳用自己的光与热哺育着地球上的万物。地球万物的生存，气候、水分的循环，都与太阳巨大的能量密切相关。以地球能源的影响来看，太阳的存在，才使得其他能源有了形成的条件。

我们知道，地球上的森林、植被利用水和二氧化碳以及阳光进行光合作用，把太阳能转化为有机物贮藏在植物体内。这些通过光合作用创造的有机物有的供动物及人类食用，转化成了动物的生命能量，有的在局部地壳运动，如地震或者火山喷发中被埋藏于地下，从而形成了煤或石油。所以，煤或石油蕴含的能量仍然间接地来自于太阳能。可以说，地球上的植被就是一块很大的天然蓄电池，而光合作用就是这块巨大的天然蓄电池充电的过程。

风的形成原因很简单，是由于空气冷热不均衡导致的，冷空气气压大，密度大，质量大，所以下沉。热空气气压小，密度小，质量小，所以会上升。这就出现了空气水平流动的气压梯度力。气压的不同会导致空气从气压高的地方流向气压低的地方，

这样就形成了风。

风维持着地球上生物的生存。植物的一生都离不开风的帮助。风帮助植物散播花粉，为植物留下后代。风还能将有些植物的种子吹送到远方，让它们在新的环境里继续繁荣自己的“新家庭”。风还会改善植物的生长发育环境。风可以驱动帆船，发出电能，净化空气。

山岩在被风破坏的过程中产生了大量的沙粒和尘土。经过长久的作用，这些沙粒和尘土会形成肥沃的土地。所有这些，都离不开太阳的参与。

水能的形成也离不开太阳，太阳光照射在广阔的水面上，水分子受到热量的激发，纷纷变成水蒸气蒸发到空中。然后，大量的水蒸气形成云。云在合适的条件下形成降水，大量的雨水在地面上汇集到一起，从地势比较高的地方流到地势比较低的地方，形成瀑布，或者汇集到河流中流向大海。在这个过程中，水会产生动能，而水的动能的最初来源，归根结底还是太阳能。

海洋能也直接或者间接来源于太阳。包括海洋温差能、海洋盐差能、海洋波浪能、海流能等，它们的形成主要是海水由于温度的差异，朝着各个方向流动，因而具有相应的能量。

现在，人类已经可以通过光电半导体将太阳能直接转换为电能。随着人类光电半导体技术的发展，人们发现，将太阳能直接转换为电能的效率会提高许多。

从上面的叙述来看，太阳能是很多种能量的前身，无论有怎样发达的技术，没有太阳，能量的利用就是一句空谈。可以说，太阳是各种能量的能源之母。

太阳能是一种清洁环保的新能源，当然，在利用太阳能的过程中，大力开发新技术，有利于提高太阳能的利用效率。

第五节 太阳能应用历史

除了人类利用植物光合作用的产物之外，人类在其他方面利用太阳能已有3000多年的历史。在很早以前，人类的祖先就学会了使用冰块来聚集太阳的能量进行取火。在农业社会中，古人懂得利用太阳能对谷物进行烘干，加工制作各类食品和手工业制品。今天，面对传统能源的危机，人类把目光投在太阳能上面，这也为太阳能科技的开发利用拉开了帷幕。

一、利用太阳能古已有之

人类在很久以前就善于利用凹面镜聚集太阳光。

在周代，我国人民即能利用凹面镜的聚光焦点向太阳借用火源，这是我国和世界上对太阳能的最早利用。《周礼·秋官司寇》上写道：“司烜氏掌以夫燧取明火于日。”《淮南子·天文训》里写道：“故阳燧见日，则燃而为火。”

《古今注》中也曾写道：“阳燧，以铜为之，形如镜，照物则影倒，向日则火生。”阳燧就是古代所使用的太阳灶。

相传在2000多年前，罗马的舰队向古希腊的领土发起进攻。

勇敢的古希腊人民，顽强地进行着抵抗。但由于罗马舰队实在太强，古希腊人民必须尽快找到完全克制对方的办法。

在大家都一筹莫展的时候，当时古希腊最著名的科学家阿基米德想到了一个非常棒的防御措施——用凹面镜反射阳光。随后，古希腊人民利用太阳光的巨大能量点燃了罗马舰队的舰船，使得罗马军队落荒而逃。

后来，人们为了证实古希腊人们用凹面镜反射阳光的真实性，进行了很多次的试验。1747 年，法国科学家布丰在花园里，用几百面边长 15 厘米的正方形镜子，围成了一个抛物面形状的大反射镜，这反射镜能让反射的阳光都集中到一个点上。试验开始，阳光经镜面反射到 70 米外的木柴堆上。经过一段时间后，70 米外的木柴堆开始冒烟，随之燃烧起来。

虽然，经过试验证明了阿基米德的方法确实很棒，但在阿基米德的时期，并没有玻璃。1964 年，希腊工程师萨卡斯提出了新的设想，他认为阿基米德当时是让古希腊的士兵把所有的青铜盾牌都翻转了过来，从而形成了一个巨大的凹面镜。

为了证实这个设想，1973 年萨卡斯制作了一批长 1.5 米、宽 60 厘米的盾牌，将盾牌表面用铜粉打磨得非常光亮。然后，模仿古罗马舰船的样子制造了一艘木船，外面还涂了一层沥青。古代人经常在船上涂抹沥青，以用来防水。正是这些沥青，促使了罗马船舰的燃烧。

随后，萨卡斯带着 70 名水兵手持盾牌聚集在雅典的一个港口。当 70 名水兵一起把盾牌翻转过来把阳光聚集到 50 米外的船舰上时，几秒钟后，船舰便燃烧了起来。

最终，阿基米德奇妙的退敌方法得到了有力的证明。

有关凹面镜，北宋政治家、科学家沈括曾在《梦溪笔谈》中写道："阳燧面洼，向日照之，光皆聚向内，离镜一二寸，光聚一点，大如麻菽，着物则火发，此则腰鼓最细处也。"

前面部分论述光线在凹面镜上的聚光作用，中间是对焦点的描述，最后指出聚焦可以取火。

太阳能在医疗方面也有应用。《黄帝内经》和《本草纲目》记载着我们祖先公元前 3 至 5 世纪就掌握的日光疗法。

近代太阳能利用历史可以从 1615 年法国工程师所罗门·德·考克斯在世界上发明第一台太阳能驱动的发动机算起。该发明是一台利用太阳能加热空气，使其膨胀做功而抽水的机器。

在 1615 至 1900 年之间，科研人员们又研制出了多台太阳能动力装置和一些其他太阳能装置。这些动力装置几乎全部采用了聚光方式采集阳光，发动机功率不大，工质为水蒸气，价格昂贵，实用价值并不是很大，大部分都是太阳能爱好者个人的研究制造。

真正将太阳能作为"未来能源结构的基础"，则是近几十年来的事。20 世纪 70 年代以来，太阳能科技突飞猛进，太阳能利用日新月异。

二、太阳能科技发展历程

人类发展的历史和太阳能利用的进程紧密相连。随着人类寻求新能源的进程，太阳能科技发展的步伐也会加快。在整个 20 世纪，太阳能科技发展历程大体可分为下面几个阶段。

从 1900 年到 1920 年为第一阶段。在此期间，太阳能动力装置仍是世界上太阳能研究的重点。但聚光方式开始多样化，人们开始采用平板集热器、低沸点工质，装置体积加大，输出功率最大达到 73.64 千瓦，实用目的比较明确，但价格仍然很昂贵。

从1920 年至 1945 年为第二阶段。在这 20 多年中，太阳能研究工作处于低潮，矿物燃料的大量开发利用和第二次世界大战爆发是太阳能研究几乎停滞的两个主要原因。当时参加研究工作的人数和研究项目大为减少，太阳能研究工作受到了一定的冷落。

从 1945 年到 1965 年为第三阶段。在第二次世界大战结束后的 20 年里，有些人注意到石油和天然气资源在迅速减少，强烈呼吁人们予以重视。由此，被冷落的太阳能研究工作逐渐开始恢复，人们成立了太阳能学术组织，并举办了各种学术交流和展览会，太阳能研究热潮再次兴起。

1965 年到 1973 年为第四阶段。由于太阳能利用技术处于成长阶段，不成熟，而且投资大，效果不理想，很难与传统能源竞争，因此得不到公众、企业和政府的重视和支持。因此，这一阶段的太阳能研究工作又回到低潮期。

1973 年至 1980 年为第五阶段。在世界各种能源中，石油一直担任主角，是左右经济、决定国家生死存亡、发展和衰退的重要因素。

1973 年 10 月中东战争爆发，石油输出国组织一致行动，采取石油禁运、暂停出口等办法，支持中东人民的斗争。因此，依靠中东地区大量廉价石油的西方国家发生了“能源危机”，在经济上遭到了沉重的打击。

从 1980 年到 1992 年为第六阶段。20 世纪 80 年代，太阳能研究开发利用工作再次陷入低潮。世界上许多国家相继大幅度削减太阳能研究经费，其中美国最为突出。

导致这种情况发生的主要原因有以下几个方面：世界石油价格大幅度下降，而太阳能产品造价昂贵，价格居高不下，缺乏竞争力。

太阳能技术方面没有重大的突破，仍旧不能提高效率和降低成本，因此一些人开发利用太阳能的信心动摇了。核能发展较快，也抑制了太阳能的研究开发。

1992 年至今，由于人类大量消耗矿物能源，全球能源短缺、生态环境被污染与破坏，这些都严重威胁着人类的生存和发展。在这一背景下，1992 年联合国世界环境与发展大会在巴西召开，会议通过了《里约热内卢环境与发展宣言》、《21 世纪议程》和《联合国气候变化框架公约》等一系列重要文件，把环境与发展结合在一起，确立了可持续发展模式。

科技进步，极大地提高了太阳能应用技术。传统能源不能承担未来社会发展的重任，也决定我们要提高太阳能利用技术，从太阳能中获得能源动力。这是一条漫长的能源寻求之路，我们还要走很久。

第六节　太阳能给我们带来了什么

据保守估计，太阳每分钟向地球输送的热能，相当于燃烧4亿吨烟煤所产生的能量。太阳把如此丰富的能量免费赠送给地球，我们要懂得开发利用。经过多年发展，我们已经初步建立起让太阳能动起来的方式方法。

一、太阳能更方便

太阳能是一种清洁的、可再生的巨大能源，以目前来看，利用太阳能能够给我们带来更多的方便。

太阳能给我们带来了更多的温暖，比如，我们可以直接利用太阳光的照射，直接获取太阳的热量，让水分蒸发，比如晾晒粮食，盐田制盐，晾晒衣物、农作物等。这种方法是最古老、最直接、也是最简单的太阳能利用方法。

太阳能给我们带来丰富的食品和更加干净自然清洁的能源，植物通过光合作用，将能量固定在生物体内。我们知道，在光合作用的过程中，太阳能转变为化学能，储存在所合成的有机物质中，它是供物质本身生命活动需要和人类利用能量的主要来源。

煤炭、石油及天然气等都是直接或间接地来自植物，来自若干年前植物通过光合作用所积累的日光能。

在光合作用下，地球上每一片绿叶都可以当成太阳能集热器。目前，许多国家和地区都在使用能源植物的方式来生产绿色燃料，也被称为“绿色能源”。

在不适合种粮食作物的荒山、荒滩种植绿色植物。然后，将收获回来的绿色植物进行生物或化学处理，就可得到固体或液体燃料。比如我国南方种植的麻风树，可以用来制作生物柴油。木薯和甜高粱可以用来提取燃料乙醇。

太阳能的热量，我们也可以直接转化应用。比如，利用集热器得到 100 摄氏度以下的低温热源和 1000 至 4000 摄氏度的高温热源。目前，这种方法应用较为普遍，比如在生活中用的太阳能热水器、太阳灶、太阳房、空调、室内采暖、太阳能热发电等，都是对太阳能量的转化利用。

太阳能热水器是目前最为普及的太阳能产品之一。太阳能热水器的应用，是太阳能带给人类的一件珍贵的礼物。

我们知道，太阳能中蕴藏着大量的热能，能将湿衣服晒干，将潮湿的土地变得干燥。那么，若是能用一种设备将这些热能收集起来给一定量的水加热，为人们的日常生产、生活提供大量的热水和蒸汽等，将会节省出很大一部分能量和资金。

因此可以说，太阳能加热是现今太阳能作为新能源最广泛的用途。据统计，很多家庭都会有太阳能热水器，它的广泛利用使太阳能这种新能源深入人心，促进了社会、经济和环境的协调发展。

通过光电转换，太阳能可以转变成电能。这是太阳能带给人们的又一件珍贵的礼物。关于太阳能光电转化，本书后文有详细的介绍。太阳能还能带给人们更加清洁的能源——氢能。我们知

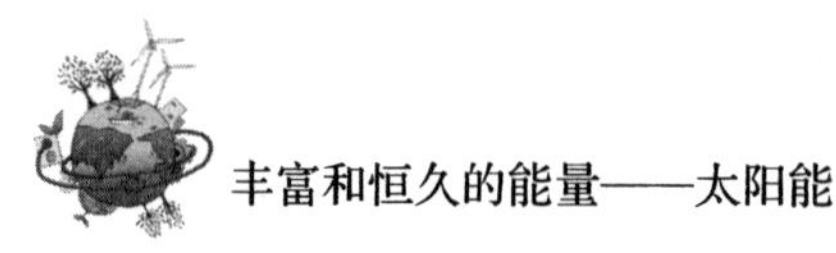

道，太阳能的能量巨大，具有很好的化学催化作用。例如，在植物光合作用的光反应阶段，太阳能起到光分解水的作用。因此可以利用太阳光的这种催化作用，分解水体产生氢气和氧气，其中可以将氢气作为另一种新能源——氢能。

二、太阳能产品——更新奇体验

太阳能以清洁自然的姿态深入了人们的生活，给人们带来能源的同时，在特定的方面，太阳能使人们的想象力得到更大程度地实现，也带来了更加新奇多彩的生活体验。目前，人们已经陆续开发出太阳能汽车、太阳能建筑、太阳能海水蒸馏器、太阳炉等一系列太阳能产品和设施。在接下来的文字中，我们将一一介绍。

1. 太阳能汽车

太阳能汽车，最早出现在墨西哥。它的顶部安装了一个带太阳能电池的大棚，用来吸收太阳能并把它转化成电能，将电能储存在电池中供给汽车的发动机，以带动汽车运动。

普通的燃油汽车会排放大量的有害尾气，而太阳能汽车因不使用化石燃料作为能源，所以避免了产生大量有毒有害的汽车尾气，使能源危机得以缓解，并保护了生态平衡免遭破坏。

据有关人士统计，如果用太阳能汽车代替燃油汽车，那么每一辆汽车的二氧化碳排放量可减少 43%到 54%，能极大地促进环境保护工作的进展。

2. 太阳能建筑

太阳能建筑是将太阳能利用设施与建筑有机结合在一起的产

物，实现了太阳能与建筑的一体化。它利用太阳能集热器代替了传统的屋顶覆盖层或保温层，将建筑、美学与环境综合在一起，既节约了能源，避免了资源的重复使用，又保证了建筑物的美观、大方，节省了大量的能源，实现了建筑物的环境友好。

因此说太阳能建筑与传统的太阳能利用设施相比，具有极大的优势。但是，太阳能与建筑的一体化又会使每平方米的建筑成本有所增加，经济方面仍然需要进一步改进。

3. 太阳能海水蒸馏器

地球上的水资源中海水占 97%，随着人口增加和大工业发展，城市用水日趋紧张。为了解决日益严重的缺水问题，海水淡化越来越受重视。

世界上第一座太阳能海水蒸馏器是由瑞典工程师威尔逊设计，1872 年在北智利建造的，面积为 44 504 平方米，日产淡水 17.7 吨，这座太阳能蒸馏海水淡化装置一直工作到 1910 年。20 世纪 70 年代后，由于能源危机的出现，太阳能海水淡化也得到了更迅速的发展。

太阳能海水淡化装置中最简单的是池式太阳能蒸馏器。它由装满海水的水盘和覆盖在其上的玻璃或透明塑料盖板组成。水盘表面涂黑，底部绝热。盖板呈屋顶式，向两侧倾斜。太阳辐射通过透明盖板，被水盘中的水吸收，蒸发成蒸汽。上升的蒸汽与较冷的盖板接触后凝结成水，顺着倾斜盖板流到集水沟中，再注入集水槽。这种池式太阳能蒸馏器是一种直接蒸馏器，它直接利用太阳能加热海水并使之蒸发。池式太阳能蒸馏器结构简单，产淡水的效率也低。

4. 太阳炉

与一般工业用电炉不同，太阳炉是利用聚光系统将太阳辐射

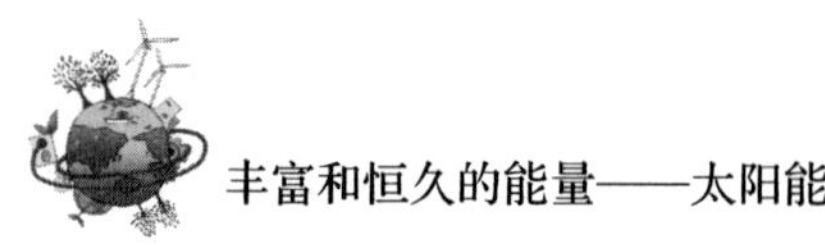

的能量集中在一个小面积上而获得高温的设备。由于太阳炉不消耗能量，不会产生杂质，而且可以获得 3500 摄氏度左右的高温，因此，太阳炉在冶金和材料科学领域中备受重视。

科学家采用更好的聚光方法和精确的太阳跟踪系统，使太阳炉获得更大的功率和更高的温度。1952 年在法国南部比利牛斯山建立了世界上第一个大型太阳炉，入射到太阳炉中的太阳辐射约 70 千瓦。

20 世纪 70 年代，法国建造了世界上最大的巨型太阳炉，输出功率为 1000 千瓦，最高温度达 4000K（约 3727 摄氏度），每年吸引了许多国家的科学家来此进行高温领域的科学研究。

其实，透镜点火是最早的太阳炉。法国科学家拉瓦锡就曾用一个透镜系统来熔化包括铂在内的各种材料。但透镜材料会吸收一部分太阳光的辐射能量，同时透镜成像的像差也会造成太阳辐射的损耗。透镜聚光，因此，用透镜系统获得更高的温度。

除了这些太阳能产品之外，世界上还出现了太阳能设施，比如说以太阳能为动力驱动的设施装置。

5. 太阳能制冷

利用太阳能作为动力源来驱动制冷或空调装置有着诱人的前景，因为夏季太阳辐射最强，也是最需要制冷的时候。这与太阳能采暖正好相反，越是冬季需要采暖的时候，太阳辐射越弱。

太阳能制冷可以分为两大类：一类是先利用太阳能发电，再利用电能制冷；另一类则是利用太阳能集热器提供的热能驱动制冷系统。最常用的制冷系统有吸收式制冷和太阳能吸附式制冷。

太阳能吸收式制冷系统一般采用溴化锂（LiBr）——水或氨水作工质。太阳能氨水吸收式制冷系统要求热源的温度比较高，一般要求采用真空管集热器或聚光集热器。太阳能溴化锂

(LiBr)——水吸收式制冷系统对热源的温度要求较低，在 90 至 100 摄氏度即可，因此特别适合于利用太阳能，因一般平板型和真空管集热器均可达到这一温度。

利用太阳能采暖和太阳能空调是太阳能热利用的主要方向之一。太阳能吸附式制冷的原理和普通吸附式制冷的原理一样。与吸收式制冷相比，其结构简单，但制冷量较小，适合于作太阳能冰箱。

太阳能空调是一种以太阳能为能源的空调，同时也是一种双燃料空调。天气晴朗的时候，就可以用免费的太阳能作为制冷机的能量。阴天下雨或夜晚到来的时候，就以天然气为能源。太阳能空调最重要的特点就是当太阳能的辐射性越强，它的制冷能量越高。

可以说，太阳能空调，具有太阳能产品最基本的特征，就是低碳环保，利用免费的阳光，运行成本极低，用户可近乎奢侈地享受空调。无论春夏秋冬，太阳能空调不仅能为用户提供免费冷风，还可以提供热风和热水。

当阳光不足的时候，太阳能空调会自动切换至使用天然气，一直到阳光充足时，又切换至以太阳光为能源，整个流程软件控制，自动完成，用户不需要动手。现在，已经安装了燃气空调的用户也可以很容易地将太阳能空调的功能添加进来。

根据专家介绍，根据数据显示，建造一个占地 100 平方米的太阳能集热系统，可为建筑制冷全年节电 2 万度。而时下的太阳能空调主要还是适用于大型楼舍、厂房或是成片及整栋的居民楼，而一家一户的居民单独使用（除别墅外），目前情况来看，经济成本较高。这也是制约太阳能空调大规模普及的主要原因。

相信有一天，科技进步会降低太阳能空调的制作成本，让更

多的人享受到太阳能空调带来的奇迹。

6. 太阳池

太阳池是一种人造盐水池。它利用具有一定盐浓度梯度的池水作为太阳能的集热器和蓄热器，从而为大规模地廉价利用太阳能开辟了一条广阔的途径。

最早是在 20 世纪初，匈牙利科学家凯莱辛斯基在考察匈牙利迈达夫湖时，意外发现在湖深 132 厘米处的水温可达到 70 摄氏度。但这一意外发现在当时并未受到足够的重视。

直到 20 世纪 60 年代初，以色列科学家在死海海岸建立了第一座实验池，发现 80 厘米深处的水温可达 90 摄氏度，于是世界上第一座用人造盐水池收集太阳能的装置就被人们命名为“太阳池”。此后，美国、苏联、加拿大、法国、日本、印度等国也对太阳池进行了大量的研究。

20 世纪 80 年代左右，以色列成功利用太阳池（深 2.7 米，面积 7000 平方米）作热源建立了一个 150 千瓦的发电站。现在太阳池在采暖、空调和工农业生产用热方面都已得到实际应用，并取得了良好效果。

此外，太阳能还启发人们开发出了太阳能服装，让穿着冬暖夏凉。太阳能充电设备，让人们的旅行不再受困于电网能够通达的地方。太阳能建筑，让人们的居住更加清洁低碳。还有很多很多。相信，在科技飞速发展的今天，太阳能还能给人们带来更多的奇迹。

第七节　阳光免费，利用太阳能有门槛

太阳向地球提供温暖的阳光，使得地球万物得以生长，能源得以形成。太阳释放的能量以各种形态存在，比如煤炭、石油以及风能、海洋能等。

但是，正如蔬菜没有烹调，还不能算做一道菜，太阳能没有利用，也不能叫作能源。实事求是地说，利用太阳能有门槛。“太阳能是免费的，但它并不便宜”，这种说法形象地概括了太阳能行业利用太阳能面临的主要障碍。

一、技术壁垒

阳光普照世界，每个人都生活在太阳的温暖之中，阳光对于我们每一个人来讲，是天然的恩赐，是免费的。但是，太阳能的能量密度很低，若要将太阳能转变成我们能够利用的能源，就需要一定的技术和设备了。比如后文会讲到的光伏产业，就是将阳光聚集起来，产生电能等相关能源的产业。

专家预测，在今后的一段时间，全球能源结构将会发生根本

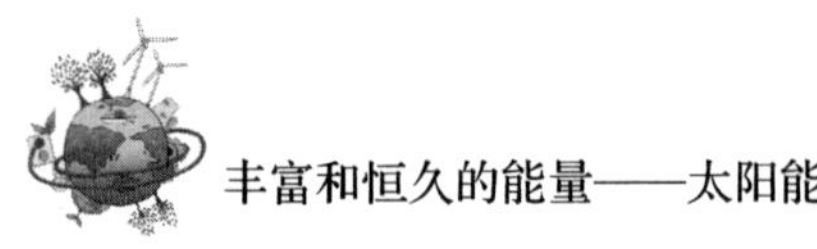

性的变化，预计到2050年，新能源与可再生能源将在整个能源构成中各占50%。

太阳能作为一种开发潜力巨大的可再生能源，很早就已引起了世界各国的广泛关注。我国也在这方面做了大量的研究工作，遗憾的是，许多年过去了，太阳能发电并没有肩负起能源替代的重大责任。原因之一就是太阳能利用有门槛，而且成本比较高，这就导致了太阳能产品的推广进展缓慢。

那么，太阳能利用的门槛究竟有多高？大规模太阳能利用迟迟不能产业化的症结又在哪里？太阳能发电何时能够作为替代能源……这些都是人们想揭开的谜底。

太阳能每秒钟辐射到地面的能量高达80万千瓦，如果能够把地球表面0.1%的太阳能转化为电能，即使转变率为5%，每年发电量仍然可达5.6×10^{12}千瓦时，这个数字是非常可观的，几乎相当于目前世界上能耗的40倍。

我国是太阳能资源丰富的国家之一。目前，在我国的北方和沿海等很多地区，每年的日照量都在2000小时以上，海南的日照量更加充足，甚至达到了2400小时以上。另外，我国荒漠面积有108万平方千米，光照资源丰富。1平方千米的沙漠面积可安装100兆瓦光伏阵列，每年可发电1.5亿度。因而，利用太阳能发电有充足的资源优势。

我们知道，利用太阳能需要相关的设施。太阳能电池能将太阳能转换成直流电能，而太阳能电池的生产是光伏产业链中最关键的一环。目前世界上应用最广泛的太阳能电池是晶体硅太阳能电池，而生产晶体硅太阳能电池的原材料——高纯度多晶硅在我国却极度短缺，绝大部分需要进口。

据相关专家介绍，目前，我国对多晶硅的需求量远远高于多晶硅的产量。因此，进口多晶硅就成了必要的选择。这就形成了我国光伏产业著名的“两头在外”现象：90%以上的原材料依赖进口，90%以上的产品出口。

太阳能没有大规模推广开来的表面原因是太阳能电池成本过高，暂不适于国内广泛应用。而造成这一现象最根本原因在于技术跟不上，原材料的来源受制。

太阳能光伏电池的制造过程为：石英砂—多晶硅—切割变为硅片（或者变为单晶硅）—电池以及电池组件（单个电池片无法发电），再将组件组合，最后安装在工程项目上用于发电。

多晶硅的重要性不言而喻，跨国公司垄断的产品，恰恰就是多晶硅。全球的七大公司几乎掌控着所有高纯度多晶硅的销售和制造环节，它们既不合作、也不合资，技术完全封闭，依靠这点赚取高额的垄断利润。

事实上，多晶硅的上游原材料——石英砂在我国并不缺乏。国外的不少多晶硅公司都直接从我国采购。但中国企业对于硅的提纯技术，还没有达到理想的要求。这也导致了我国太阳能产业和太阳能产品的推广长期处在一个低水平上。太阳能电池发电的成本居高不下，目前太阳能发电的电价比传统的煤炭发电成本比高出了几倍，如此高昂的费用，显然没有普及的可能。所以我们也只好在享受暖暖阳光的同时，眼睁睁地看着大量的能源在身边流失。

二、太阳能发电的“阿喀琉斯之踵”

太阳能利用行业中，多晶硅是非常重要的材料，更是信息

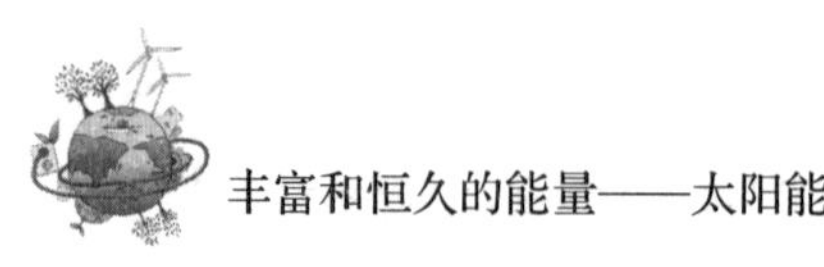

产业和光伏产业的基础材料，但是多晶硅属于高耗能和高污染产品。

目前，太阳能的最主要用途除了直接利用和热利用之外，用得最为广泛的就是利用太阳能发电了，因为太阳能发电主要依据的是光的伏特效应，人们又把太阳能发电称作光伏发电。光伏发电的主要材料就是晶体硅，在今后相当长的一段时期，晶体硅也会是太阳能电池的主流材料。

我们知道，太阳能光伏发电清洁无污染，但是，在制备和提纯晶体硅、多晶硅的过程中，却会带来严重的污染。改良西门子法是目前国际上主流的多晶硅生产方法，采用此方法生产的多晶硅约占多晶硅总产量的 85%。

在采用改良西门子法制造多晶硅的过程中，会用到氯化氢等有毒的原材料，同时生成四氯化硅、三氯氢硅等副产物。四氯化硅是多晶硅生产过程中最大的副产品。

根据相关数据，提纯 1 吨多晶硅就会产生 10 至 15 吨以上的四氯化硅。四氯化硅不能直接向环境排放。因为未经处理回收的四氯化硅是一种具有强腐蚀性的有毒有害液体。四氯化硅一遇潮湿空气就会分解成硅酸和氯化氢，氯化氢是一种剧毒气体，对人体的眼睛、皮肤、呼吸道有强刺激性，溶于水就会形成强酸盐酸。在没有防护措施的情况下，大规模发展多晶硅产业将是毁灭性的。

根据《南方日报》的消息，发达国家将高污染转嫁给发展中国家，多晶硅是信息产业和光伏产业的基础材料，属于高耗能和高污染产品，从生产工业硅到太阳能电池全过程耗电量难以想象。同时在生产多晶硅时，还会产生 8 倍于它的四氯化硅，一种高污染有毒液体，且其再利用的成本昂贵。在经济利益的驱动下，多数中国企业没有装设相关的回收设备，对四氯化硅没有进行必要的无害化处理，对环境造成了严重的污染。

现在一些发达国家的政府都以优惠的政策支持企业大力发展太阳能光伏产业，也用补贴的方式鼓励人民使用太阳能发电。但由于多晶硅提纯过程中的污染，这些发达国家都不希望自己生产多晶硅而是把多晶硅的生产放到了发展中国家，这样做的同时，也相当于将生产多晶硅过程中产生的严重污染转移到了发展中国家，而自己则能够高枕无忧地享受光伏产品带来的便利和清洁。

多晶硅生产是一个耗能的过程，要产生大量二氧化碳，这就有一个碳的排量，如果发达国家要从发展中国家购买生产太阳能的原料多晶硅，就必须随之购买所产生的碳的排量，发展中国家就可以用这笔资金来解决污染环节的技术问题。

第三章　太阳出来暖洋洋

如果没有太阳，生活将无法想象，因为只有太阳才能给万物带来生长的能量。“春有百花秋有月，夏有凉风冬有雪”，这些美好的事物，都是因为有了太阳才存在的。

太阳不仅仅为我们提供了光和热，同时太阳能还是一座丰富的宝藏。据估计，在漫长的 11 亿年的时间里，太阳只消耗了本身 2%的能量。如果有合理的利用方法，地面接收 15 分钟的太阳能，就足够全世界使用一年了。可以说，太阳能这一座待开发的宝库，正等待我们寻求打开宝藏大门的钥匙。

第一节　厚此薄彼

阳光普照大地，但是由于气候条件、地理位置等因素，太阳能资源的分布往往并不平均，而是有的地方资源丰富，有的地方资源就比较少。我国的太阳能资源和同纬度的其他国家相比较，除了四川盆地和与其毗邻的地区以外，绝大多数地区的太阳能资源都比较丰富。特别是青藏高原的西部和东南部的太阳能资源尤为丰富。

一、我国的太阳能资源

我国地大物博，太阳能资源也十分丰富。我国地处北半球亚欧大陆的东部，主要处于温带和亚热带，幅员辽阔，有着十分丰富的太阳能资源。

根据全国 700 多个气象台站长期观测积累的资料，中国各地的太阳辐射年总量大致在 3.35×10^3 至 8.37×10^3 兆焦每平方米之间，其平均值约为 5.86×10^3 兆焦每平方米。就全国来讲，除天山北面的新疆小部分地区的年总量约为 4.46×10^3 兆焦每平方米外，其余绝大部分地区的年总量都超过 5.86×10^3 兆焦每平方米。

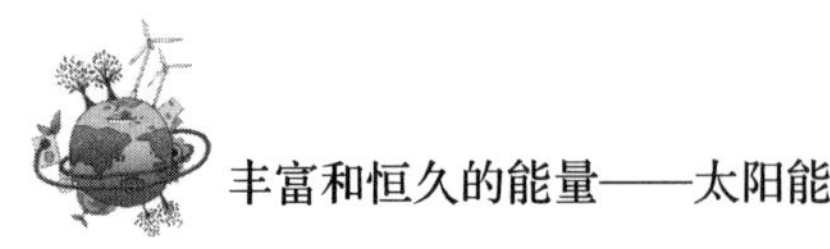

从全国太阳年辐射总量的分布来看，内蒙古南部、山西、陕西北部、青海、西藏、新疆、河北、山东、辽宁、吉林西部、福建东南部、广东东南部、云南中部和西南部、海南岛东部和西部以及我国台湾省的西南部等，这些地区的太阳辐射总量都很大。

在这些地区内，青藏高原是一个值得说明的地区。青藏高原平均海拔高度在 4000 米以上，大气层薄而清洁，透明度好，纬度低，日照时间长。太阳总辐射量比全国其他省区和同纬度的地区都高。

而太阳辐射量最少的要数四川和贵州两省，其中尤以四川盆地为最，那里雨多、雾多，晴天少，年平均晴天为 24.7 天，阴天达 244.6 天。其他地区的太阳年辐射总量居中。

综上所述，我国太阳能资源分布的主要特点有：太阳能的高值中心和低值中心都处在北纬 22 度至 35 度这一带，青藏高原是高值中心，四川盆地是低值中心；太阳年辐射总量，西部地区高于东部地区，而且除西藏和新疆两个自治区外，基本上是南部低于北部。

二、太阳能资源分布不均衡

在北纬 30 度至 40 度地区，多数地区云雾雨多，太阳能资源的分布情况与一般的太阳能随纬度而变化的规律相反，太阳能资源不是随着纬度的增加而减少，而是随着纬度的增加而增加。

按接收太阳能辐射量的大小，全国大致上可分为五类地区。

一类地区：全年日照时数为 3200 至 3300 小时。主要包括青藏高原、甘肃北部、宁夏北部和新疆南部等地。这是我国太阳能资源最丰富的地区，与印度和巴基斯坦北部的太阳能资源相当。特别是西藏，地势高，太阳光的透明度也好，太阳辐射总量仅次于撒哈拉大沙漠，居世界第二位，其中拉萨是世界著名的日光城。

二类地区：全年日照时数为3000至3200小时。主要包括河北西北部、山西北部、内蒙古南部、宁夏南部、甘肃中部、青海东部、西藏东南部和新疆南部等地。此区为我国太阳能资源较丰富区。

三类地区：全年日照时数为2200至3000小时。主要包括山东、河南、河北东南部、山西南部、新疆北部、吉林、辽宁、云南、陕西北部、甘肃东南部、广东南部、福建南部、江苏北部和安徽北部等地。

四类地区：全年日照时数为1400至2200小时。主要是长江中下游、福建、浙江和广东的一部分地区，春夏多阴雨，秋冬季太阳能资源还可以。

五类地区：全年日照时数约1000至1400小时。主要包括四川、贵州两省。此区是我国太阳能资源最少的地区。

一、二、三类地区，年日照时数大于2000小时，是我国太阳能资源丰富或较丰富的地区，面积较大，占全国总面积的2/3以上，具有利用太阳能的良好条件。四、五类地区虽然太阳能资源条件较差，但仍有一定的利用价值。

中国的太阳能资源与同纬度的其他国家和地区相比，除四川盆地和与其毗邻的地区外，绝大多数地区的太阳能资源相当丰富，和美国类似，比日本、欧洲条件优越得多，特别是青藏高原的西部和东南部的太阳能资源尤为丰富，接近世界上最著名的撒哈拉大沙漠。

对于太阳能资源呈现厚此薄彼的状况，我们在利用太阳能资源的时候应该因地制宜，扬长避短。唯有如此，才能更好地让太阳能为我们服务。

世界上有面积广大的沙漠，沙漠地区晴天多，阴天少，太阳能发电的效率会更高。而且在沙漠地区开发利用太阳能不会产生土地资源的浪费问题，不会影响人们正常的生活。

三、中国“日光城”拉萨

拉萨市地处雅鲁藏布江支流拉萨河中下游的北岸，是中国西藏自治区的首府，是一座具有 1300 多年悠久历史的文化古城，也是西藏自治区的政治、经济、文化和宗教中心。拉萨，藏语意为“神佛居住的地方”“圣地”“佛地”。公元 7 世纪，松赞干布统一西藏后建立了吐蕃王朝。相传文成公主进藏时，这里还是一片荒草沙滩，后在此建造了大昭寺和小昭寺。

拉萨的别称是“日光城”。但是这个地区的雨水并不少，拉萨的年雨日为 87.8 天，年雨量是 453.9 毫米，无论是降雨量还是雨日，都比东部地区的内蒙古、陕西、山西和河北北部、吉林、辽宁西部还要多些，但是，拉萨的日照时间反而更长。原因有以下几点。

首先，拉萨下雨的时间在当天晚上 8 点到第二天早上 8 点之间的概率占到了 80%以上。夜雨多，而第二天却会艳阳高照，晴空万里。拉萨每年平均日照总时数多达 3005.3 小时，也就是说，平均每天有 8 小时 15 分钟的时间是有太阳的。比在同纬度上的东部地区几乎多了一倍，比光照情况一般的四川盆地多了 2 倍。

其次，拉萨所处的位置海拔 3658 米，这样的高度大气层比较薄，而且空气密度小，水汽含量也比较低。更重要的是，拉萨的空气中不像西北地区含尘量大，大气透明度十分优良。因此，大量的阳光能够透过大气照射到拉萨。在这个过程中，阳光在大气层中被吸收、散射的量也就特别少。

最后，由于大气稀薄，空气分子散射的蓝色光线已大大减弱，暗蓝色或蓝黑色的天空更加衬托出耀眼的太阳。阳光既强，日照又长，所以，拉萨每年的太阳总辐射量高达 84.6 万焦耳(202.4 千卡)，不仅比东部同纬度上的地区多 70%到 150%，甚至也普遍比西北干旱地区多。这样多的日照，拉萨理所当然地应当被称作“日光城”。

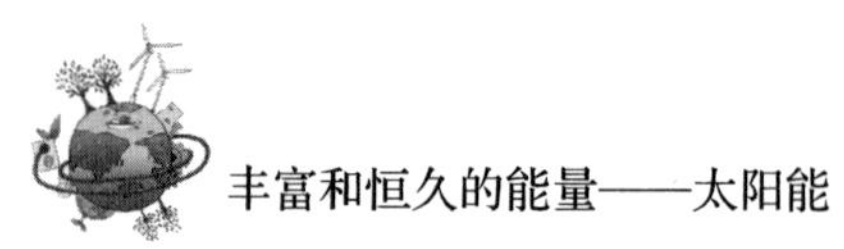

第二节　太阳能光热利用

太阳升起，温度就会升高，太阳下山，温度就会降低，这是生活常识。太阳对我们而言，就是温暖的象征。太阳出来暖洋洋，阳光普照的好日子，就容易有好心情。我们的生活因为有了太阳能而更加美好，人类也会利用太阳能开发医疗健康事业，让它成为我们的“好医生”。正是因为太阳能有各种各样的可被利用性能，才吸引世界各国积极开发太阳能，让它更好地温暖我们的生活。

一、太阳能光热发电

太阳能光热产业是世界新能源领域最具代表性和潜力的产业。但是，人们对它的认识还不清晰。一提到太阳能利用，许多人首先联想到的是太阳能热水器，对拥有巨大发展潜力的太阳能光热发电却了解较少。

太阳能光热发电，也叫聚焦型太阳能光热发电，是指通过大量反射镜，将分散的太阳光以聚焦的方式聚集起来，加热工质，以产生高温高压蒸汽，推动汽轮机发电。与传统发电站不一样的是，太阳能光热发电是通过聚集太阳辐射获得热能，在这个过程中，不会产生污染物，不会对环境造成影响。按照太阳能采集方式，当前的太阳能光热发电可分为槽式太阳能光热发电、塔式太阳能光热发电和碟式太阳能光热发电。

槽式太阳能光热发电是利用抛物柱面槽式反射镜将阳光聚焦到管状的接收器上，并将管内的传热工质加热形成蒸汽，再用蒸汽推动汽轮机发电的方式。槽式发电是最早实现商业化的太阳能光热发电系统。槽式抛物面太阳能发电站的功率是目前所有太阳能光热发电站中功率最大的，大约可在 10 至 1000 兆瓦之间。

塔式太阳能光热发电采用大量的定向反射镜将太阳光聚集到一个装在塔顶的中央热交换器或者接收器上，产生 1100 摄氏度的高温。然后通过专设的装置将高温转化成电能。

最初，塔式太阳能光热发电是用蒸汽直接推动汽轮机进行发电的。但是，我们知道，太阳能随气候变化而变化，能量状态不稳定，这就造成蒸汽参数难以稳定，热量损失比较大。

20 世纪 90 年代初，美国发明了一种盐塔式太阳能光热发电装置，和普通的塔式太阳能光热发电装置不同，盐塔式太阳能光热发电装置改用由硝酸钾、硝酸钠和氯化钠的混合物构成的盐溶液作为热载体。价格低廉、热传导性良好，还可以在常压下储存在大型容器里。盐塔式太阳能光热发电完全可能商业化。

碟式太阳能光热发电系统是世界上最早出现的太阳能动力系统，是目前太阳能发电效率最高的太阳能发电系统，最高可达到 29.4%。

当然，还有其他的太阳能光热发电方式，这里不一一详细介绍。

事实上，光热发电在 20 世纪 80 年代的时候就形成了建设热

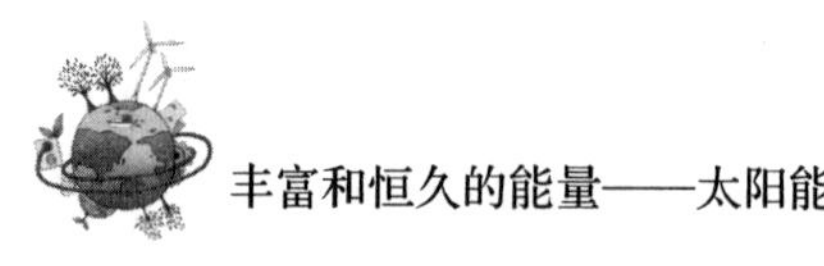

潮，之后由于技术和成本的因素，出现了停滞。现在，太阳能光热发电又被人们重新重视。

中国电力企业联合会副秘书长孙永安在“2014 清洁电力高峰论坛”上表示：“光热发电是战略性的可再生能源技术，虽然当前尚有技术和经济性的问题需要解决，但发展光热发电没有不可逾越的障碍，相对于其他电源，光热发电具有独特优势。”可再生能源发展“十二五”规划中也提出了光热发电发展目标，即到 2015 年达到 100 万千瓦。这一目标重要的意义体现了国家发展光热发电的决心和导向。

相关专家认为，太阳能光热发电在我国推广具有三大优势：

其一，太阳能光热发电和风电还有光伏发电共同组成清洁发电系统，大规模开发光热发电可以缓解西部和北部的风电、光伏发电并网困难局面，提高可再生能源的比例。

其二，太阳能光热发电相关的产业链绝大部分是制造业，太阳能光热发电若能够得到有效的发展，对经济和相关产业的拉动作用将会非常明显。因此，光热发电不仅提供了一种清洁能源供电方案，更重要的是，可以带动新兴产业的发展。

其三，我国的大部分地区特别是西部和北部地区，太阳能资源丰富，大片的闲置土地和太阳能资源可以满足光热发电的发展需求。光热发电市场前景好，发展潜力大。

从技术角度上看，太阳能光热发电的上网功率平稳，有效发电时间长。目前蓄热时间可以达到 10 小时左右，而光伏发电却没有相应的合适的蓄电系统。

太阳能光热发电还可以对余热进行综合利用，这是其他新能源所没有的特性。这样就可以使光热发电与常规能源发电实现互补，达到节能减排的目标。

和常规能源发电相比，光热发电每千千瓦时电量排出二氧化碳仅有 12 千克，而光伏发电是 110 千克，天然气发电为 435 千克，煤电为 900 千克。从以上数据来看，太阳能光热发电更加清洁。

光热发电是一种高品质的清洁电力，其采用成熟的储热技术可以实现 24 小时稳定持续发电，具有并网友好、储热连续、规模效应和清洁生产等优势，是最有条件逐步替代火电担当基础电力负荷的新能源。

近年来，东部城市集中的地区为雾霾问题长久困扰，如果在我国西部地区集中建设太阳能光热电站，就可以结合供热，进一步减少煤炭的使用量。这样，就可以对破解东部地区的雾霾问题做出贡献。

与此同时，光热产业链辐射范围广，涉及玻璃、钢铁、化工、机械等多个国民经济的重点产业领域，能够同时带动这些行业的进一步发展。

目前，世界上的太阳能光热发电技术已经发挥了重大作用。比如，2013 年 6 月 30 日，西班牙光热发电最大贡献达到全国用电量的 7.7%，日均贡献达到 4.6%，月平均达到 3.4%。我国目前还没有一种清洁能源能达到这样的贡献率，这说明光热发电在将来的某一天可以承担大任。

总体上来讲，光热发电可以利用廉价蓄热，使得电力输出比较平稳，更适合于做电网的基础性电源，规模效应也比太阳能光伏发电更理想，所以太阳能光热发电和太阳能光伏发电之间是互补的关系，而不是竞争或者替代的关系。我们就可以设想，如果将光热发电和光伏发电协同发展，那么，太阳能的利用价值就会大幅度上升，或者能够改变未来世界能源的消费格局，甚至可以独当一面，我们期待着这一天的到来。

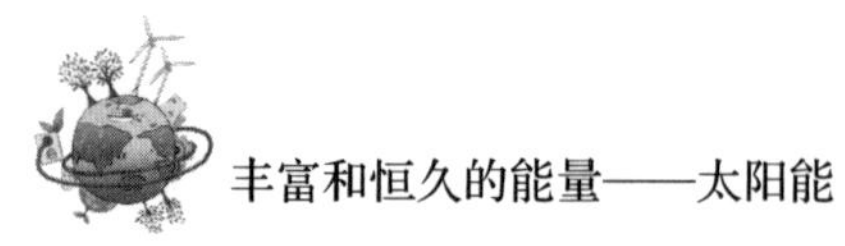

二、巧妙利用太阳能

太阳能能量巨大，但是利用太阳能，必须依靠一定的方式方法，才能够达到既定的目的。

在长期生产实践中，人们掌握了光线吸收、反射大规律：黑色物体能够吸收太阳光的热量，白色物体容易反射太阳光的热量。生活在终年积雪不化地区的人们为了解决饮水和灌溉难题，学会了利用光的吸收特性，将雪原消融，使冰河开冻。

南极大陆常年冰天雪地，大陆平均气温也往往在-50 摄氏度。人类经过不断探索，了解到南极极昼时期，每年从 9 月到第二年 3 月是半年白天，3 至 9 月是半年黑夜。

曾经在南极的一处航道上，发生了一件有趣的事情。一艘大运输船在航行过程中，突然被海中的冰块困住了。

船员们试着用炸药把冰块炸开，但是巨大的冰块纹丝不动。然后，船员们又试着用锯子锯那些大冰块，但仍然无济于事。正在大家一筹莫展的时候，忽然有一位船员站出来，对船长自信地说：“船长，我有一个好办法。”

船长急忙说：“是什么办法，快说。”

这位船员说：“把船上的黑灰和煤屑撒在船周围的冰上，请太阳帮帮忙，也许可以把冰化开。”

“那么好吧，赶紧试试。”船长下令，于是大家开始搜集黑灰和煤屑，并运到冰上去，铺成了 2 千米长、10 米宽的大圈子，从船的周围一直铺到冰上的一条裂缝处。

这时，南极正值 10 月间，全都是白昼（南极从 9 月到第二年 3 月是半年白天，从 3 月到 9 月是半年黑夜)，丽日当空，在温暖的斜射阳光下，别处的冰虽然顽固不化，但煤屑下的冰层，却慢慢地融化着。

原来，秘密就在黑灰和煤屑里。因为，白色的冰块会将阳光大部分反射回去，而黑色的灰和煤屑，却能吸收阳光中的大部分热能。

地球上有许多终年积雪不化的冰川雪原。在这些地区，人们和土地都非常缺水，因为大量的水都被冰川雪原冻结起来了。

20 世纪 50 年代，我国甘肃省河西各族人民，曾组织了一支征服冰川的英雄大军。他们把很细的黑煤屑、黑灰撒在祁连山冰雪上。由于黑色物体最容易吸收太阳光的热量，终于使得祁连山厚厚的冰层在太阳底下化成了清清的流水，流进了农田。

当山上流下的雪水由少聚多汇成一条河流滋润大地时，万物便会因此而充满生机。

三、太阳能温暖我们的生活

在现代社会，太阳能的应用涉及很多领域。和我们的生活相关联的就是烧开水，下面的文字就是人们利用太阳能烧开水，让日常生活更加方便节能的事例。

烧开水，对人们来说再普通不过了，但在阳光特别充足而传统能源十分缺乏的地区，太阳能可以起到很大的作用。利用太阳能来烧水并对医疗器械或其他物品进行消毒，是个很不错的选择。

人们设计了一种简易的太阳能开水器，它主要由复合抛物面反光镜、吸热器和基架三部分组成。

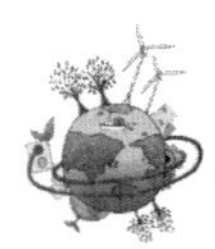

复合抛物面反光镜用薄铝板或者玻璃钢作为基面，在上面贴有涤纶镀铝薄膜，焦距约为0.8至1.2米。如果没有条件制作面积大的铝板或者玻璃钢基面，也可以用反光镜来代替。

太阳能开水器的吸热器采用铝管，一端有可与自来水管路连接的进水孔；另一端安装放水龙头，并配有开水响哨。将吸热器放在复合抛物面反射镜的轴线（也就是焦线）上，并将受热面涂黑，就能获得开水。

太阳能开水器的基架采用传统的四支承点结构，因此稳定性比较好。在基架的立轴上配有滚珠，可以满足方位角跟踪的需要。

如果不用开水，可将水蒸气通入一个保温良好的小箱内，这样还可以将其作为简易的太阳能消毒器。

近年来，全玻璃真空集热管制作技术水平的提高以及成本的降低，为开发真空管型太阳能开水器创造了有利条件。

在全玻璃真空集热管里加插一根长度略短于集热管，直径小于集热管内管，且两端封口的圆形玻璃管（称为“内插棒”），管内封有一定量的细沙，使其重力略大于所受内管中水的浮力，并用不锈钢定位弹簧和小凸台使其不与内管接触。

由于加上内插棒，使集热器内管中的水量减少，升温较快，当水温达到100摄氏度时，温控阀自动打开，开水依靠高位水箱中的水压流出集热管，进入开水箱，同时冷水由进水管补给。

当温控阀的感温头处的水温低于98摄氏度时，温控阀迅速关闭，开水器开始新的加热过程。

这种开水器采用温控阀直流定温放水方式，当集热器的面积为1平方米时，最大日产开水量可达20至40千克。开水器支架下可安装小轮，以便手动跟踪太阳。

如果不需用开水，还可另行安装热水温控阀，日产40至50

摄氏度温水100至160千克。因此，这种装置热容量小，升温启动快，且可开水、温水两用，应用前景非常不错。

太阳能和石油、煤炭等矿物燃料不同，不会导致“温室效应”和全球性气候变化，也不会造成环境污染。正因为如此，太阳能的利用受到许多国家的重视，大家正在竞相开发各种光电新技术和光电新型材料，以扩大太阳能利用的应用领域。

小资料：太阳灶

太阳灶也是一种太阳能热利用的产品。它是一种炊具，以太阳能为能源，是可以烹制任何食物的装置。因为利用太阳辐射，所以在使用期间，低碳环保无污染。通常情况下，太阳灶比蜂窝煤炉要方便快捷。

人类使用太阳灶已经有200多年的历史了，尤其近二三十年，更是太阳灶发展的高峰时期。太阳灶以卓越的利用性能，得到很多国家的认可。民以食为天，是人就要吃饭。太阳灶可谓居家的必备产品。太阳灶利用太阳能，使用过程中不用煤、电、液化气等，利用的是免费的太阳能。

太阳灶是炊事和烧水的好帮手，据统计，使用太阳灶，一个家庭一年约可节省60%的液化气、煤或者柴。而后者在使用过程中还会造成环境污染。可以说，使用太阳灶，不仅可以节省家庭开支，而且保护生态环境，是一种利国利民的事情。

鉴于此，很多国家都积极支持太阳灶的发展，政府积极倡导扶持太阳灶，把太阳灶发展作为环保免税项目。这也是太阳灶越来越普及的重要原因之一。

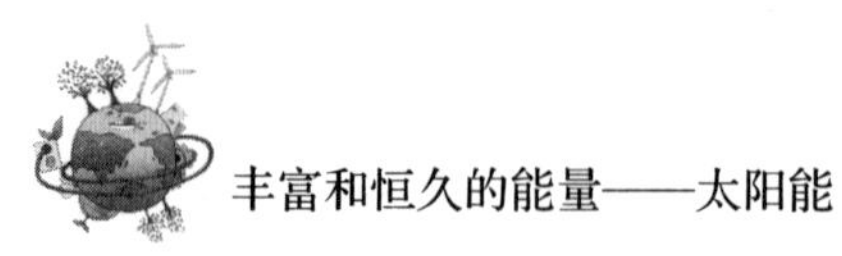

第三节　太阳能是神奇能量的化身

在人类发现的能源中，太阳能是最为神奇的能源之一。因为太阳能来源广泛，资源丰富。更为重要的是，太阳能是一种可再生能源，使用过程中低碳环保、污染少，是一种神奇的新能源。正是具备这么多优良特性，太阳能才引起世界各国广泛关注。

一、光合作用

光合作用即光能合成作用，是绿色植物利用叶绿素等光合色素和某些细菌（如带紫膜的嗜盐古菌）利用其细胞本身，在可见光的照射下，将二氧化碳和水（细菌为硫化氢和水）转化为有机物，并释放出氧气（细菌释放氢气）的生化过程。光合作用是一系列复杂的代谢反应的总和，是生物界赖以生存的基础，也是地球碳氧循环的重要媒介。

光合作用是绿色植物将来自太阳的能量转化为化学能的过程。是生物界最基本的物质代谢和能量代谢。植物之所以被称为食物链的生产者，是因为它们能够通过光合作用，利用无机物生产有机物并且贮存能量。通过食用，食物链的消费者可以吸收到植物及细菌所贮存的能量，效率为10%到20%左右。对于生物界的几乎所有生物来说，这个过程是它们赖以生存的关键。

生态系统的“燃料”来自太阳能。太阳能以这样的形式在生态系统的物种间传递，形成了地球上生机蓬勃的景象。从某种意义上来讲，地球上绝大多数生物的生命活动都是太阳能通过光合作用的体现。

二、阳光医疗

植物会利用太阳能完成自我成长，我们人类也会利用太阳能治病。历史表明，在这方面，人类已经积累了2000多年的历史经验。很早以前，我国劳动人民就对太阳与人体生理变化的密切关系有了认识。

我国早在春秋时期，就已研制出利用阳光取火进行理疗的灸具。灸具由阳燧和扁圆形的铜罐组成。铜罐内盛有艾绒，利用阳燧汇聚阳光点燃艾绒，然后再用艾绒熏烤一定的穴位来治疗病痛。

明朝李时珍著的《本草纲目》也有相关的记载。《本草纲目》原是一部世界著名的药典，然而它却有“太阳真火也”，“以体曝之则血和而病去”之类的记载，认为用太阳光照射人体，可以治疗疾病。无独有偶，古希腊的学者也很早就指出“太阳即是药”，晒太阳对神经痛、风湿、慢性皮肤病等有治疗作用。

当然，不仅仅中国如此，其他国家的人们也掌握了利用太阳能治病的方法。

据传公元前25年左右，古希腊就有人认为利用日光浴可以

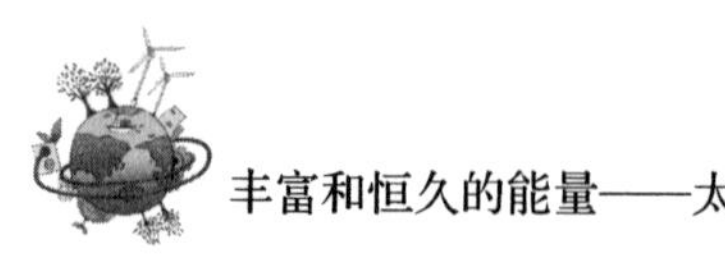

治病。

古埃及曾在开罗附近开设了一座利用阳光和空气来健身的理疗所。在太阳光谱中，不同波长的光线对人体具有不同的作用。一般来说，紫外线除了具有杀菌作用之外，还能将皮肤内的胆固醇类物质转变成维生素 D，改善钙、磷的代谢，促进钙质的吸收，预防佝偻病和骨软化症。

但是，凡事皆有度，如果长期经受大量紫外线的照射，反倒过犹不及，容易得皮肤病。近红外线对皮肤的穿透力较强，被人体吸收后，可以均匀加热肌肉组织，使皮肤和肌肉的温度升高，促进局部组织的血液循环，增强代谢功能，因此具有一定的消炎和镇痛作用。

太阳能理疗真正引起人们关注还是最近几十年的事情，相关资料记载，苏联在卫国战争期间，有人设计了一种利用小块反光镜聚焦的太阳能理疗器，用以加速伤员伤口的愈合，收到了良好的效果。

为了进一步研究阳光的医疗功能，哈萨克斯坦的阿拉木图开设了一家阳光医院。太阳能理疗装置由反光镜、理疗室、操作台和能移动的底座等部件组成。装置中的抛物面反光镜的焦距为 4 米，两面镀铝，并且分成大、小两种规格的反光镜。

大型反光镜为长方形，长 2 米，高 1.5 米，聚焦后可以形成尺寸为 0.3 米×0.2 米的焦斑，适合成人使用。小型反光镜为圆形，直径约为 0.75 米，聚焦后可以形成直径约为 6 厘米的圆形焦斑，适合儿童使用。

理疗室是一间长 1.5 米、宽 1.1 米、高 2.2 米的小房间，正面有门，门上装有面积为 0.5 米×0.7 米的玻璃窗，聚光镜反射的阳光经过玻璃窗进火室内，室内装有空调设备。

操作台既可控制聚光镜的俯仰角和疗位角，又可操纵聚光镜进行摆动，摆动的频率和振幅根据病人的病情而定。

为病人进行理疗时，先接通操作台的电源，使聚光镜以一定的频率（最高不超过 2 赫兹）上下摆动，然后将聚光镜对准太阳，使聚焦的阳光以脉冲的形式照射到病人需要治疗的部位。由于光束是摆动的，因此可以避免焦斑灼伤皮肤。

利用聚焦的阳光，可以治疗气管炎、慢性肺炎、皮肤病、溃疡病等。病人每天只能接受一次照射，每次照射 5 到 15 分钟，一个疗程由 20 至 40 次照射组成，医护人员可以根据病人的病情确定疗程的长短。

为了提高疗效，阿拉木图阳光医院还把太阳能理疗与其他理疗方法（如药剂气溶吸入疗法、体育疗法等）结合起来，进行综合治疗。

显而易见，进行太阳能理疗时，阳光照射量的大小是决定疗效的重要参数。苏联卫生部曾经根据多年来的临床试验结果，提出了合理的建议值。

例如，利用小型聚光镜为儿童照射时，开始时应为 0.67 焦每平方厘米每分，逐渐增加到最大值，然后再降低到开始的数值。至于最大值，则视儿童的年龄以及身体的发育情况而定。

阿拉木图阳光医院每天可以接待 1000 多名病人。观察表明，接受太阳能理疗的病人，70%左右的人健康状况有所改善。儿童的疗效更为明显，大约 90%左右的儿童的体质显著增强。

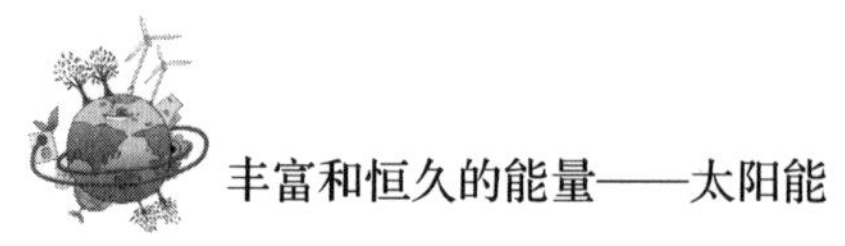

三、太阳能的光伏利用

太阳能作为一种可再生的新能源，越来越引起人们的关注。光伏发电是太阳能利用的一种方式，因其节能和环保的效果，受到广泛的重视。人类一直在努力研究利用太阳能。目前人们对于太阳能应用得最为广泛的就是太阳能光伏发电，建造了很多大规模的光伏电站。此外，在太阳能利用方面，人们研制出了以太阳能作为能量来源的太阳能汽车、人造卫星、月球车、太阳能充电器、太阳能路灯、太阳能飞行器、光伏建筑一体化、太阳能航标灯等。

尽管这些物件在使用过程中能量供应还不是很稳定，但是，太阳能是其不可或缺的能量来源。还有很多实用性的物件，太阳能以清洁安全和方便的能源形式让人们的生活变得更加丰富多彩。

在能源危机的背景下，开发利用太阳能，为我们的生活服务，定然会带来很多想象不到的奇迹。利用好这一神奇的能源，人类的明天会更加精彩。

我国按照低碳经济发展规划，“十二五”期间，将通过发展能源生产、电子信息、新能源汽车、LED（发光二极管）、风电装备、节能环保和建设节能等七大新兴产业，进行低碳经济试验和示范，形成以现代服务业和先进制造业为主的产业结构，降低高能耗产业的比重，逐渐形成低碳经济产业群。毫无疑问太阳能将再次出现井喷式的增长，将成为新能源支柱产业。

太阳能这一神奇能量的化身，尚有很多的潜质未被开发。随着人类知识的积累与技术的进步，一定还有很多方法让神奇的太阳能焕发出更多神奇。

四、太阳能驱离飓风

人类多次尝试改变天气，不过除了利用云层成功实施人工增雨外，一直未能如愿。也许，这些先行者的考虑还不够全面。

“越来越多的证据表明，人类活动能在不同程度上影响某一地区甚至整个地球气候，我们可从全新的角度考虑从大气层科学领域方面改造气候的可能性。当前最迫切的是要增进人类对有意或无意改变大气环境的基本过程的了解。”相信很多人都认同这句话。

飓风会给人类带来巨大的损失，因此，人们在很长时间内都希望将这种损失减小到最低限度，但是由于飓风是自然形成的，威力巨大，人力尚没有办法将飓风的威力减小。但是，太阳能因为有巨大的能量，人们希望能够利用这些能量驱离飓风。

首先看看这一想法从理论上讲是否可行：可以用一系列大型绕地卫星捕捉足够的太阳能，利用这些太阳能使飓风改变运行路线，远离海岸线，还可能减弱飓风的威力。这个方式是用微波冲击大气层，就可以改变风暴顶部和底部之间的热量差，从而减弱暴风眼的风力，也就相当于减弱了飓风的能量，进而将损失减少到最小。

另外，还有科学家建议，采用类似技术如“侧舵法”，诱使飓风不着陆或改变着陆地点，比如，可以让飓风在荒无人烟的大漠上或者辽阔的海洋上着陆，这样就基本不会造成什么损失。

太阳能的用途远远不止于此。而且太阳能能量巨大，取之不尽，用之不竭，相信只要人类能够科学利用太阳能，就可以让这种神奇的能量更好地为自己服务。

第四节　太阳能热水器的家族成员

太阳能热水器将太阳光能转化为热能，将水从低温度加热到高温度，以满足人们在生活、生产中的热水使用。太阳能热水器按结构形式分为真空管式太阳能热水器和平板式太阳能热水器。

随着科技的发展，太阳能热水器家族出现了很多成员。主要有：闷晒式热水器、无胆闷晒式热水器、管板式热水器、聚光式热水器、真空管式热水器等。

各种太阳热水器都有一个能接收太阳辐射和加热冷水的黑色平面。把太阳能传递给冷水的方法有多种，巧妙的制作方法也有好多种。

一、太阳能热水器

太阳能热水器可以把太阳能转化为热能，将水从低温度加热到高温度，以满足人们在生活、生产中对热水的需求。

最简单的太阳能热水器是卧式的黑色水箱，或者是放在阳光下的一圈长的黑色普通胶皮管。水箱一旦受热，就会由于水分的蒸发、长波红外线的辐射、与周围空气的对流、热水器材料的传导等而损失热量。

为此，太阳能热水器要装配玻璃顶盖或塑料顶盖以减少再辐射以及空气的热对流。热水器顶盖能透过阳光，但不能透过热水器辐射出来的长波红外线，从而使热量保留在箱内。为了减少由传导和对流造成的热损失，可以把吸热装置放在保温箱里。

受热面和阳光越接近于垂直，太阳的辐射强度也就越大。集热器通常是倾斜安装的，朝向赤道。按照太阳在白天的运动轨迹和季节性的变化不断调整集热器的角度不仅耗费时间，也耗费财力。

如果把受热面倾斜到与当地的地理纬度相应的角度，集热器在三月春分日或九月秋分日中午处于最佳位置。因为冬季的热需求量比夏季更大，而且冬季的太阳在天空中的位置更低，所以把倾角调整到比纬度大 10°的位置上，便能在全年里收到更好的效果。例如在北纬 30°，集热器的受热面应朝向南方，并与地平线成 40°倾角。

吸收太阳热量需要大的受热面，可是这样的受热面又会把大量的热量散失在周围的空气里，所以习惯上是把热水输送到一个绝热良好的大贮水箱里，如果需要储存过夜时也必须是这样的。

二、太阳能热水器类型

居家生活中所使用的太阳能热水器，有着落水式与顶水式的用水方式。落水式可免去自来水供水的影响，但在使用过程中，水温会是缓慢地由低到高变化。所以，由于不方便掌握水温，很容易造成突然缺水的状况。顶水式恰恰相反，水温是由高到低变化，但必须保证自来水供水能力的稳定性。

家用太阳能热水器若是设计为顶水式，就必须在设计内部结构时，要保证出水均匀，避免水路出现“短路”或者是死角的问题。使用管路最好要设计成可转换为落水式的连接方式，以便解决自来水压力不足和突然停水的情况。

家用太阳能热水器通常会安装在房屋的顶端平台和向阳的地方，人们早晨加上冷水，下午便可以使用经过太阳能加热的热水。到了20世纪中期，太阳能热水器的利用技术达到了较为成熟的阶段。

太阳能热水器产业是世界上太阳能行业中的骨干。我国安装的太阳能热水器面积居于世界首位，据计算，因使用着大量的太阳能热水器，每年至少节约了50万吨的燃煤。

太阳能热水器的种类主要有：闷晒式热水器、无胆闷晒式热水器、管板式热水器、聚光式热水器、真空管式热水器等。

闷晒式热水器制作简单、造价低。分为有胆式和无胆式。有胆式，是在太阳能热水器闷晒盒内安装黑色塑料或金属的盛水胆。当水温达到一定要求后，就可使用。

无胆式闷晒热水器，又称为浅池热水器，在闷晒盒中没有盛水胆。

管板式热水器又被称为平板集热器，被广泛应用到农作物干燥、温水养鱼、温室种植蔬菜、空调和制冷、游泳池加热、浴池，以及各种工农业用热水。凡是工作温度低于100摄氏度的领域，都可以用这种热水器作为热源。

管板式热水器是由透明盖板（玻璃或塑料）、吸热体、保温层和外壳组成。阳光透过透明盖板进入集热器内被吸热体吸收，从而转变为热能，并且在通过与吸热板相连的管道中的水（热水

器）或吸热板上或下部的空气（空气集热器）进行热交换，使得加热的水和空气达到要求的温度。

使用管板式热水器，一般可以得到40至70摄氏度的水或者空气。它的原理与其他太阳能热水器是一样的，水的循环靠温差密度不同。热水轻，会向上升起。冷水重，会从底部缓缓向上顶。水箱中的水通过集热器的循环加温，逐步达到平衡，便停止了上下流动。

但是，水箱中的水总是不断进入集热器的底部，而热水也不断流入水箱的上部，提供着热水。

聚光式热水器是由聚光集热器组成的热水器。从结构形式上来看，聚光集热器可分为抛物柱面、圆柱面、菲涅尔透镜、旋转抛物面和锥面聚光等。

通常聚光集热器必须随太阳的方向而转变方向，才会获得高温。为了提高热水的温度，也可以把几个聚光集热器串联起来，进行多级聚光加热。

最常见的是抛物柱面聚光器，它会把阳光都汇聚反射到一条水管上，人们用控制管中的水流速度来获得不同温度的热水。水流越慢，水温越高。

真空管式热水器是利用真空技术制造而成的，它可以减少热对流的损失，提高温度。最高温度可达到200摄氏度左右，可供全年使用。真空管式热水器不仅可以把水加热，也可以把空气加热。

目前，世界各国多把真空管式热水器用于空调、冬季采暖、夏季制冷、热水洗浴等方面。此外，有些国家还会使用在冬季养鱼、高效太阳能干燥器等。

近几年来，人们研制出了一种全新的太阳能热水器——双循环真空管太阳能热水器。它的出现，解决了高寒地区冬季防冻、硬水结垢等问题。

双循环真空管太阳能热水器的特点在于：用户使用生活热水不与集热器直接接触，而是通过一个盘管热交换器加热水箱中的水，在热交换器管内流动，与集热器直接交换热的是防冻液或软化水（适用于水质较硬的地区）。

这样既可保证生活热水的清洁，又能彻底解决管路冻裂和集热器结垢的问题。同时，由于水泵的强制循环，对提高集热器的热效率十分有利。

大庆市已经建成了一座可以全年使用的热管式真空集热管双循环太阳能热水系统。冬季时，该系统的水温最高可达 30 至 35 摄氏度。

第五节 强大功能是怎样练成的

在光热转换中，当前应用范围最广、技术最成熟、经济性最好的是太阳能热水器的应用。我们知道，太阳能热水器能够将水加热，整个过程不需要耗费电能，清洁、环保、无污染。那么，太阳能热水器的强大功能是怎样练成的呢？其实，这和太阳能热水器的结构和工作原理是相关的。下面的文字，会详细地介绍太阳能热水器的工作原理等相关知识。

一、太阳能热水器的结构

太阳能热水器可以分为几个部分，一般是由集热部件、保温水箱、支架、连接管道、控制部件等组成。其中集热部件可以分为真空集热管和平板集热器。

集热器是太阳能热水器中的集热元件。集热器的功能相当于电热水器中产生热量的电热管。但是，和电热水器、燃气热水器不同，太阳能集热器利用的不是电，也不是燃气，而是太阳的辐射热量，只能在太阳照射度达到一定值的时候，才能有有效的加热时间。

目前，全玻璃太阳能真空集热管是市场上最常见的。它可以分为外管和内管，在内管外壁镀有选择性吸收涂层。平板集热器的集热面板上镀有黑铬等吸热膜，金属管焊接在集热板上，保温水箱是太阳能热水器中储存热水的容器。保温水箱储存的是通过集热管采集的热水，防止热量损失。

太阳能热水器保温水箱由三部分组成，包括内胆、保温层、水箱外壳。保温水箱要求保温效果好、耐腐蚀、水质清洁。

储存热水的重要部分是水箱内胆，水箱内胆所用的材料强度和耐腐蚀性都是很重要的。保温材料直接影响着保温效果，在寒冷季节尤为重要。聚氨酯整体发泡工艺保温是目前较好的保温方式。太阳能热水器保温水箱的外壳一般为彩钢板、镀铝锌板或不锈钢板。

支架是支撑集热器与保温水箱的架子。支架要结构牢固，具有很高的稳定性，抗风雪，耐老化，不生锈。支架一般为不锈钢、铝合金或钢材喷塑的材质。

太阳能热水器的水循环过程为：让冷水先进入蓄热水箱，然后通过集热器吸热后输送到保温水箱。蓄热水箱与室内冷、热水管路相连，使整套系统形成一个闭合的环路。只有设计合理、连接正确的太阳能连接管道，才能让热水在流动的过程中的热量损失减少到最低。太阳能连接管道对太阳能系统是否能达到人们的要求起着十分重要的作用。为了减少不必要的热量损失，必须对太阳能管道做保温处理，特别是北方寒冷地区，需要在管道外壁铺设伴热带，以保证在寒冷的冬季也能有温度合适的热水。

太阳能热水器的控制部件是不能少的。因为为了方便，一般家用太阳能热水器需要自动或半自动运行。常用的控制器需要达到自动上水、水满断水并显示水温和水位的要求。带电辅助加热的太阳能热水器的控制系统还要求有漏电保护、防干烧等功能。目前，市场上智能化太阳能热水器，具有水箱水位查询、故障报警、启动上水、关闭上水、启动电加热等功能，甚至可以用手机控制，在使用过程中更加方便。

二、太阳能热水器的工作原理

太阳能热水器方便干净，那么，它是怎样工作的呢？这个和太阳能热水器的结构有关系。太阳能热水器有双层结构，阳光穿过吸热管的第一层玻璃照到第二层玻璃的黑色吸热层上，黑色吸热层就会将太阳光的能量吸收。由于吸热管的两层玻璃之间是真空隔热的，热量不能向外散发，只能向内传给玻璃管里面的水，将水加热。高温的水变轻，就会往上沿着玻璃管受热面进入保温储水桶，同时，保温储水桶内较冷的水就会沿着玻璃管背光面进入玻璃管补充。如此不断循环，就使保温储水桶内的水的温度不断升高，最终得到热水。

简单地来讲，就是太阳能热水器把太阳光能转化为热能，将水从低温度加热到高温度，以满足人们在生活、生产中的热水需求。

按结构形式，太阳能热水器可以分为真空管式太阳能热水器和平板式太阳能热水器。目前，使用的最多的是真空管式太阳能热水器，它占据国内 95%的市场份额。家用的真空管式太阳能热水器由集热管、储水箱及支架等相关附件组成，其中，集热管是把太阳能转换成热能的最为主要的部件。利用的是热水上浮冷水下沉的原理，使水产生微循环进行热量交换和存储，从而得到合适的热水。

集热管依赖热虹吸原理，太阳辐射透过真空管的外管，被集热镀膜吸收后加热管内的水。管内的水吸热后温度升高，比重减小，就会向上移动，这就构成了一个热虹吸系统。随着热水的不断上移并储存在储水箱上部，最终就能够使整箱水都升高至一定的温度。

平板式热水器，一般为分体式热水器，介质在集热板内因热虹吸进行自然循环，将太阳辐射在集热板的热量及时传送到水箱内，水箱内通过热交换将热量传送给冷水。介质也可通过泵循环实现热量传递。

家用太阳能热水器不需要外在的动力，通常按自然循环方式工作。真空管式太阳能热水器中的热水通过重力作用提供动力，为直插式结构。平板式太阳能热水器通过自来水的压力（称为顶水）提供动力。规模比较大的太阳能集中供热系统需要采用泵进行冷热水的循环。太阳能热水器集热面积不大，考虑到热能损失，一般只是采用自然动力，而不是采用管道循环。

三、功能强大

太阳能热水器是利用高效太阳能集热器吸收太阳辐射热，将冷水加热并储存在带有保温性能的水箱中，在天气条件好的时候为用户提供热水。太阳能热水器也是当今世界新能源利用技术中比较成熟且经济实惠的节能装置。

太阳能热水器由全玻璃真空集热管、储水箱、支架及相关附件组成。把太阳能转换为热能，主要依靠全玻璃真空集热管。集

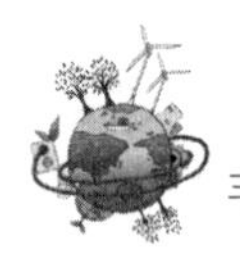

热管受阳光照射面的温度高，背面的温度低，管内的水由此产生温差反应，利用热水上浮，冷水下沉的原理，使得水产生微循环而获得热水。

太阳能热水器水箱的结构是一个有一定容量的保温装置。它的放置模式主要有两种，即卧式和立式，目前水箱的容量还在不断地拓展。

太阳能热水器中的循环系统，大多是使用平板太阳能集热器和真空管太阳能集热器。它们的主要换热方式是通过吸收涂层吸收太阳热量，然后把热量传递给水，被加热的水进入水箱存储，向用户进行集中供暖供热水的系统。而现行的热球器容量较小，主要适用于小型用户。

在太阳能热水器的管口位置，所有进出水管管口设置在水箱同一侧，便于管道安装，适用于自然循环和强制循环。

太阳能热水器的广泛运用，包括热水、采暖、空调，在带来良好经济效益的同时也会很好地改善地球的污染状况。

每平方米太阳能平板集热器每年可节约标准煤 250 千克左右，并会减少 700 多千克二氧化碳的排放量。

任何人都可轻易地享受到太阳能的益处，每平方米太阳能平板集热器平均每个正常日照可产生相当于 2.5 度电的热量。

太阳能使用起来很安全，不会像瓦斯那样有爆炸或者中毒的危险。而且，太阳能热水器不需要专人操作，可以自动运转。另外，太阳能热水器安装的所需空间会很小。

太阳能热水器不容易损坏，使用寿命一般在 10 年以上，甚至可以达到 20 年以上。正因为太阳能是免费的能源，所以在经济成本上十分节约。

四、冬天能用吗

太阳能热水器冬天能用吗？在讲解这个问题之前，我们先来了解一下太阳能热水器的工作原理。

根据前文我们知道，阳光穿过吸热管的第一层玻璃照到第二层玻璃的黑色吸热层上，将热量传给玻璃管里面的水，加热的水往上进入保温储水桶，桶内温度相对较低的水沿着玻璃管背光面进入玻璃管补充，如此不断循环，就能够得到热水。

简而言之，太阳能热水器是通过阳光来加热的，也就是说，太阳能热水器不是靠室外的温度来升温的，而是靠紫外线来升温的。加热管把光能转换为热能，无论冬天还是夏天，只要有阳光就能够把水加热。至于水管，安装时要在水管外套上一层保温管，这样，即使在气候寒冷的冬季也不会把管子冻坏。

总之，因为太阳能热水器不依赖室外温度而是太阳光来加热水，因此，太阳能热水器的使用是不分春夏秋冬的，只要有阳光，并且科学合理使用，太阳能热水器完全可以在冬天正常工作。

太阳能热水器冬季使用注意事项之一，根据天气情况合理给水箱上水。

经过统计，一般情况下，每人洗浴一次大约需要 40 升的热水，而每根真空管一般可加热 6.5 升水。我们就可以根据家庭人口和其他生活用水量，估算出所需热水器的容量。

冬天使用太阳能热水器时一定要注意天气的变化，在气温不低于 5 至 7 摄氏度的情况下，当天晚上用水后，如水箱内还有剩

余的热水，应将太阳能热水器上满水。如气温较低，宜第二天早晨上水，以防止热水器出水口处管路冻住；如第二天是雨雪天气，可根据实际需要上半箱水，或多半箱水，如果用水量大，可考虑启动太阳能热水器中的电加热装置。

太阳能热水器冬季使用注意事项之二，科学使用加热防冻装置。

当气温持续低于 0 摄氏度，这时就需要开启防冻装置，使之进行预热保护。尤其在北方严寒地区，当气温长时间徘徊在零下时，就要一直开启加热防冻装置。其他地区，如果夜间气温比较低，可在晚上启动防冻装置，白天关闭。有些用户往往是在管路冻堵时，才启用加热防冻装置来化冻。其实这样不但耽误使用，而且还会对太阳能热水器造成损害，影响太阳能热水器的寿命。在洗澡时，要特别注意拔掉太阳能热水器的电源插头，严禁带电使用。因此，有电加热装置的太阳能热水器，必须装漏电保护设备，以避免发生危险。

太阳能热水器冬季使用注意事项之三，开启热水龙头滴水防冻。

很多用户在使用太阳能热水器一段时间后会摸索出一套方法。根据使用经验，在气温处于零下时，可打开太阳能热水器的热水龙头，使之缓慢滴水，由于流动的水不宜结冰，所以这样就可以保持太阳能热水器的水流畅通。这也是防止热水器管路冻堵的有效做法。

太阳能热水器冬季使用注意事项之四，千万别去擦积雪。

北方的冬季下雪是常见的事情。那么，太阳能上的积雪怎么处理呢？会不会使太阳能热水器吸收热量的效率受到影响？于是，很多用户想处理掉积雪，好让太阳能热水器能够正常接收阳光的照射。但是这种做法是错误的。

首先，冬天下雪后，屋顶会打滑，为了擦掉积雪而登高，极容易发生意外。

其次，太阳能热水器的真空管在极寒的状态下非常脆弱，这时候清理积雪，很容易会给真空管造成损伤。太阳能热水器的真空管表面呈光滑的柱形面，有缝隙，所以，积雪溶化后就会自然掉落，一般不会在真空管上停留很久。

太阳能热水器是家庭常见的家庭热水、取暖设备，随着太阳能技术的不断推广，太阳能热水器产品开始呈现种类多样化、多功能化发展。对于太阳能热水器的使用、安装等，只要立足于现实状况，避免一切外来的不利的因素，就能将太阳能热水器的功能发挥到极致，为人们带来更多方便。

第四章　太阳能“无微不至，无孔不入”

现如今，人类利用太阳能，开发出各种各样的太阳能产品，可以说涉及衣、食、住、行等各个领域。太阳能服装、太阳能手机、太阳能灯、太阳能热水器、太阳能房屋、太阳能汽车、太阳能自行车、太阳能干燥技术、太阳能海水淡化等新兴产品或者技术设施深入人们生活的各个领域，真正体现了太阳能的“无微不至，无孔不入”。

太阳能给我们的生活带来便利，提高了我们的生活水平，这是自然的馈赠。太阳能的神奇之处，也是我们人类利用自己的智慧，善于开发利用新技术、新成果的表现。

第一节 穿，让四季温暖如春

服装的作用就是抵御严寒，遮挡酷暑，但是现实生活中，人们在冬天往往需要穿上厚厚的保暖衣，笨重不堪，影响活动。夏天也要穿上密实的衣服防晒，又闷又热。太阳能服装，巧妙地把太阳能利用和服装概念融为一体，让人们的穿着四季温暖如春。鉴于太阳能优良的利用性能，无论是中国还是外国，太阳能服装已经吸引了很多人。相信在不久的将来，太阳能服装一定能够让人们无论冬夏，轻薄出行。

一、“太阳能空调衣”

地球上的温度变幻莫测，人们不得不穿衣御寒，为了避免被太阳的紫外线灼伤，人们在烈日炎炎的夏季也要全副武装。笨重的防寒服和夏季防晒的衣服，让人们的生活减少了很多舒适，也带来了许多不便。若能够将衣服改善成具有冬暖夏凉的功能，必是极其美好的一件事。

“太阳能空调衣”做到了这一点。相关资料记载：上海交通大学曾设计出一款“太阳能空调衣”，只要在腰上安装一个“黑

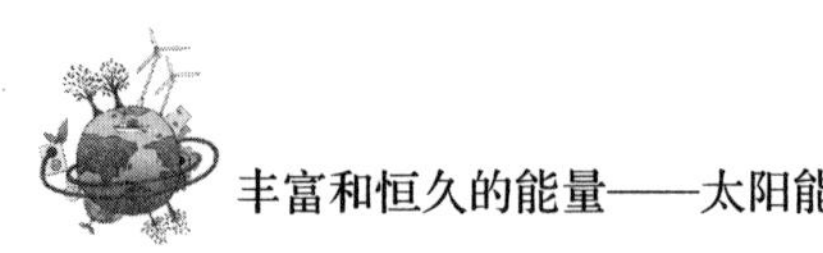

匣子”，“太阳能空调衣”就会具备通风排汗的功能。目前，“太阳能空调衣”主要为伤病学生参与户外军训时服务。

“太阳能空调衣”形状娇小美观，是一种可安置在背部皮带上的太阳能单人降温设施，它可以将腰部的风往上抽调，然后从后领口向外排出。在这个过程中，带走人体的热量。

“太阳能空调衣”的主要特点在于它的便携与美观。它安置多个搭扣，衣服穿戴方便，体积小，携带便利且没有重量负担。

“太阳能空调衣”的动力全部来自太阳能，太阳能电池板巧妙地安装在军训制服肩章上。这款装置的大小与苹果手机差不多大，独特的涡轮式送风装置，能够实现“横向吸风、垂直送风”的特殊功能。

如果真的能够将这种产品推广开，就能够为户外工作人员带来夏日的清凉。同时也可以为高温作业下的工作者们带来福音。

用太阳能调节温度的服装将会越来越流行，这是不可小觑的时尚趋势。特别是随着科技进步，服装的材质和设计都会有所渗透。太阳能服装的时代已经来临。它们将变得更小巧、更精密，稍显笨重的太阳能电池板终将被淘汰。

有的太阳能衣服还有充电的功能。比如，有些服装带有太阳能电池板，当使用者出外运动时，只要将智能手机、数码相机等电子设备放进口袋，并插入接口，就可以时刻保持电量充足。

事实上，不仅仅中国出现了太阳能服装，美国也有相关的产品问世。

美国某服装公司设计总监桑德拉·卡拉特，她曾提出一个大胆构想，运用可再生能源技术，把可供反复使用的天然材料变成布料，从而为现代服装业开辟出一个崭新的发展空间。

这个服装公司的举动，标志着以高科技为核心的现代技术将与时尚携手共赢，既在传统形式和功能上保留精华，又在材料使用上注重生态环保。把太阳能理念和服装概念巧妙地融为一体。

GO（一种服装品牌）系列的剪裁较为宽松，偏休闲、中性风格。衣服都带有拉绳和腰带，以便调节大小、收紧腰身，穿着更为方便。以太阳能为动力的服装将会越来越流行，特别是随着科技进步，服装的材质和设计都会有所渗透。可以说，太阳能服装的时代已经为期不远。

英国科学家开发出的太阳能衣服，它的关键材料是太阳能吸收纤维。这是一种含有碳化锆的合成纤维，这种衣服的特点是在阳光照射下能吸收太阳能并储存起来，然后再转变成热能，慢慢释放出来。

这种太阳能服装不仅可以满足日常的户外活动，还可以满足登山运动爱好者的需求。用太阳能吸收纤维面料制成的登山服、睡袋，轻便保暖，如同随身带着电热毯，特别适合在高寒、干燥、露天工作的环境中使用。

二、太阳能帽

除了服装之外，人们还研究出太阳能帽。比如，现在在街头经常见到的带微型电扇的小帽子。这是一种具有奇特功能的帽子，又称太阳能风凉帽。这种帽子在帽中安装一个以太阳能为动力的微型风扇，风扇从帽子顶部的孔中吸入冷气，然后让冷气从头发中通过，再由帽底排出，冷热空气循环，使头上汗液蒸发，因而十分凉爽。

太阳能风扇帽子可以采用优质柔晶硅电池板，一次投入成

本，就可使用10年以上。当然，人为故意损害的除外，而其他风凉帽的使用时间往往不到一年。因为制作成本低，现在市面上已经有大量太阳能帽。

正是因为太阳能良好的利用性能，才成为人们重点关注的能源。正是因为人们的奇思妙想，才有了太阳能服装的设想。一系列太阳能服装的出现，也证明了太阳能是一种应用“无孔不入”的新能源。

第二节 吃，品出阳光的味道了吗？

太阳可以晾晒食物，在我们日常生活中屡见不鲜。比如我们餐桌上的各种食物原材料，有各种谷物、蔬菜、水果、鱼虾、香肠、挂面等食物。这些食物在制作过程中都因为有了太阳能的参与，才更加美味。在享用这些美食时，你品出阳光的味道了吗？

一、太阳能干燥技术

五谷杂粮收获之后，需要经过阳光照晒，才能长时间保存，不至于发霉。自古以来，我们人类就学会了利用太阳能来促进丰收后农作物的干燥速度，减少损耗，大幅度提高成品的质量。

由于我国农村能源长期短缺的现状，农副产品的干燥加工仍然以自然晾晒方式为主，不但干燥时间长，受气候变化影响和制约，而且干燥物料易受灰尘、蝇虫以及各种微生物的污染，使得干燥品质不高，质量无法保证。

有些油脂类食品在阳光下暴晒，会加速油脂氧化，易产生致癌物质，影响人体健康。而粮食、鲜果等受季节性影响，若不及时干燥处理，常常腐烂变质，使农民蒙受不应有的损失。

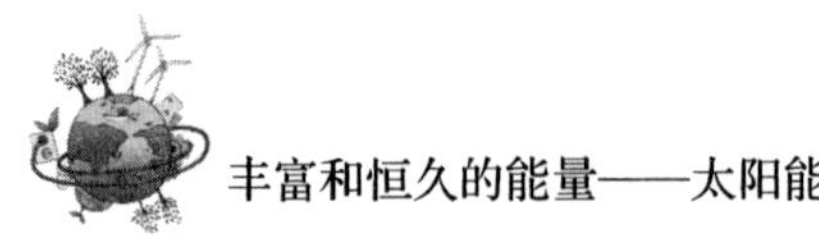

很多人会认为，还未完全干燥的农产品价格会很低，搬运成堆的谷物又需要花费更多的劳动力。因此，花费比谷物价钱较高的费用去购买太阳能设备，是不值得的。

可是，实践证明把谷物放在干燥装置里干燥速度会很快，质量也会很高。而且也避免了尘土的污染，大幅度缩短了受热时间，食物也不会产生难闻的气味。这些特点足以证明额外购置太阳能干燥设备非常经济合算。

有了这种意识，人类逐渐青睐太阳能干燥技术。它是指利用低温太阳能干燥器进行干燥作业，具有干燥周期短、干燥效率高、产品干燥品质好等优点，可避免自然摊晒的物料污染和腐烂变质损失，目前我国太阳能干燥器已广泛推广使用。

干净、方便的太阳能干燥器主要有温室型太阳能干燥装置、集热器型太阳能干燥器、集热器—温室型太阳能干燥装置、整体式太阳能干燥器。

二、广泛的干燥技术应用

太阳能是一种清洁能源，使用过程中不会产生污染，因而，对于卫生要求比较严格的农业和食品生产来讲，利用太阳能进行干燥加工，能够更好地保证食品的安全。而传统的干燥方法或者采用自然晾晒的方法加工食品，往往会造成食品质量下降，甚至不能够进行食用。

我国是一个农业大国，干燥作业是农副产品加工过程中一个必要的环节，但是，干燥的过程消耗的能量很大。我国各地太阳能资源非常丰富，利用太阳能对农副产品进行干燥就会非常方便，而且还节约成本。使用太阳能干燥器有益于提高我国农业生产的水平，增强农民的科技应用意识和提高农民科技素质。在节省能源和保护环境的方面具有十分深远的意义。

目前，各地报道的太阳能干燥的应用实例有很多。

在食品、副食产品方面，有各种谷物、水果、蔬菜、香肠、鱼虾、茶叶、烟叶、挂面、饲料等；

在木材方面，有美松、白松、榆木、水曲柳等；

在中药材方面，有当归、陈皮、天麻、人参、鹿茸、西洋参等；

在工业产品方面，有橡胶、纸张、蚕丝等。

下面的文字以太阳能干燥器干燥枸杞和葡萄干为例来对这种情况进行说明。

我们知道，枸杞具有滋肾、润肺、补肝、明目等功能。据最新研究表明，枸杞对防老抗衰、增强免疫力、抗癌保肝等方面具有很好的效果，但是落后的枸杞干燥工艺却成为制约枸杞产业发展的瓶颈。

人们开发的枸杞太阳能干燥装置，此太阳能干燥装置中，集热器由两部分组成，一部分是屋顶上的集热器，另一部分为圆弧梁，这两部分都用阳光板覆盖，圆弧梁中部有循环风机。该太阳能枸杞干燥装置是一种利用计算机控制的周期式干燥设备，一次可干燥鲜枸杞 2 至 2.25 吨，烘干成本为 0.74 元每千克。该装置最大的特点就是既能充分地利用太阳能，又备有热风燃烧炉以便阴雨天和夜间能连续作业，至少可节能 20%至 40%。

与现在常用的热风干燥装置相比，成本降低了 50%至 66%。与自然干燥法相比，干燥速率提高了 3 至 4 倍，养分和维生素损失减少了 60%至 80%。而且，使用太阳能干燥器生产的产品干净卫生，色、香、味均非常好，提高了产品的等级，避免了由于自然晾晒而造成的效率低，周期长，占地面积大，易受风沙、灰尘、苍蝇、虫蚁等二次污染，影响枸杞的品质，造成损失的问题。

枸杞太阳能干燥装置具有投资小，回收快的特点，一般 3 至 5 年即可将成本收回。适合广大农村和乡镇企业使用。

葡萄干甘甜香醇，是人们最喜爱的果品之一。葡萄中富含糖、氨基酸、维生素等营养成分，因其营养价值高，被誉为“水果的明珠”，同时也是加工比例最高，国际贸易量最大的水果类制品之一。

葡萄可以鲜食，除此之外，80%左右用以酿酒、榨汁及加工成葡萄干制品。据不完全统计，每年世界葡萄产量的 10%以上用于晒制葡萄干。葡萄干是借助于太阳热或者人工加热使葡萄果实自然脱水形成的食品，葡萄干的含糖量在 60%到 70%之间，是含热能最高、营养价值最为完善的食品之一。

除此之外，葡萄干富含矿物质、维生素，具有较高的营养价值和耐长期储藏的能力，可以活血、健骨、促进消化、保健神经系统，是老人和儿童的健康食品，是登山者、滑雪者、野战队员等所青睐的食品。

世界葡萄干的出口国是土耳其、伊朗、美国、希腊、智利和南非。葡萄营养保健功能越来越被人们所认识，国际市场上对葡萄干的需求量也日益增多，我国也是世界葡萄干的主要生产国之一。

传统的葡萄干自然晾晒方法，不仅拉长了生产周期，限制了生产能力，还使得晒场面积巨大，成本增加，造成管理不便、卫生条件差、产品质量不稳定等问题。传统晾晒方法在感官指标、卫生指标、安全指标和营养指标上均达不到国际市场的要求，使得我国自产葡萄干的价格比美国的葡萄干价格低一半左右。

因此，缩短制作周期、提高葡萄干产品质量至关重要。采用太阳能干燥技术能够缩短葡萄干的制作周期，同时提高葡萄干的卫生条件、产品质量等。

石河子大学相关人员采用集热器、温室型太阳能干燥器对无核紫葡萄进行了干燥试验。结果显示，太阳能干燥所提供的干燥温度比自然干燥的干燥温度要高很多，采用自然干燥的葡萄干的卫生质量很差，干燥时间约为 38 天，而采用太阳能干燥仅用了 12 天，其干燥时间仅为自然晾晒时间的 1/3。

当然，不仅仅枸杞和葡萄干在制作中需要太阳能干燥器的帮助，水果蔬菜、烟叶同样需要。

由于水果和蔬菜的香味很重要，它们对于尘土污染、淋雨、曝晒过度、拖长干燥时间以及滋生霉菌等条件非常敏感。烟叶的质量和价值主要取决于干燥的温度和速度。

通常把烟叶挂在装有通风管道的棚子里，烟草的香味取决于棚内的温度、湿度和加工烟叶的时间。即使天气不好，循环的热气流仍能保证生产出优质烟草。波多黎各等地采用太阳能干燥棚已经获得成功，他们把热风管固定在朝南的黑色屋顶下几英寸（1 英寸=2.54 厘米）处。

除了上述文字叙述的太阳能在干燥方面的应用之外，太阳能的干燥技术还有很多地方可以采用。本文不再一一列举。总之，太阳能干燥器的发明，简化了食品制作过程，有利于食品种类的增多。这也是太阳能给我们的生活带来的方便吧！

第三节　喝，让海水变成饮用水

太阳能简直就是能源中的全能种子选手，能够做很多事情。除了前文所描述的用途，太阳能还可以进行海水淡化。事实上，地球可供人类饮用的淡水资源只占淡水总储量的0.34%。把海水转换为饮用水，是目前解决水源匮乏的最好方法。

一、淡水资源很少

对很多生物来讲，淡水资源是非常重要的。虽然，地球的表面多数是被海水所覆盖的。但是，人类和这些生物并不能直接饮用海水或直接使用海水进行灌溉。所以，海水虽然储量大，但是不能够直接利用。

相对于海水来讲，地球上的淡水储量仅仅占有地球总水量的2%左右。而且，可供人类饮用的仅仅占有淡水总储量的0.34%。

目前，淡水资源短缺已成为世界性的问题。19世纪，西方各国争夺煤炭。20世纪，各国争夺石油，所以才有各种石油的争夺战。但到了21世纪，人们最需要的就是水资源。联合国曾不止一次提醒：除非各国采取有效措施，否则到了2025年世界上将会有约1/3的人口无法获得良好的饮用水。

目前，世界上有20亿的人口存在饮水困难，有100多个国家和地区出现严重缺水的现象。为了弥补淡水资源的匮乏，人类必须找到把海水转换为淡水的方法。我国是世界上13个缺水国家之一，解决我国淡水资源紧缺的一条重要战略途径，就是开发利用海水资源。比如，科威特已建成了利用槽形抛物面太阳能集热器及一个7000升的贮热罐为多达12级的闪蒸系统供热的太阳能海水淡化装置，每天可产近10吨淡水。这套装置可在夜间及太阳辐射不理想的情况下连续工作，其单位采光面积每天的产水量甚至超过传统太阳能蒸馏器产水量的10倍。可见，太阳能系统与常规海水淡化装置相结合的潜力是巨大的。

二、太阳能蒸馏器

人类很早以前就开始利用太阳能进行海水淡化了，主要是利用太阳能进行蒸馏，所以早期的太阳能海水淡化装置一般都称为太阳能蒸馏器。

人类最早有文献记载的太阳能淡化海水的工作，是15世纪由一名阿拉伯炼丹术士实现的。这名炼丹术士使用抛光的大马士革镜进行太阳能蒸馏。

1874年，世界上第一个大型的太阳能海水淡化装置在智利北部建造完成。它由许多宽1.14米、长60米的盘形蒸馏器组合而成，总面积达到了47 000平方米。在晴天条件下，它每天能够生产2.3万升淡水。而且这个系统一直运行了近40年。

美国国防部第二次世界大战中制造了许多海水淡化急救装置

用作军事方面，供在战争中的飞行员和船员取水用，这种装置实际上就是一种简易的太阳能蒸馏容器。

20世纪60年代，美国在佛罗里达的戴托纳海滩建立了特殊实验站，供大规模太阳能蒸馏研制工作使用。

希腊、阿尔及利亚、澳大利亚等国也进行了许多太阳能蒸馏试验。其中，希腊的帕特莫斯建造了世界上最大的池式太阳能蒸馏器，玻璃总面积为8651平方米，最大日产量为40立方米淡水。

太阳能蒸馏器的结构比较简单，主要由装满海水的水盘和覆盖在它上面的玻璃或透明塑胶盖板构成。

水盘的表面涂成黑色，装满用于蒸馏的水，水盘上覆盖的玻璃或透明塑胶盖板下缘有集水沟，并与外部集水槽相连。太阳辐射透过透明盖板，加热水盘中的水，水蒸发为水蒸气，与蒸馏室内空气一起对流。

由于盖板本身吸热少，而且盖板的温度低于池中的温水，水蒸气上升并与温度较低的盖板接触后遇冷，凝结成水滴。这些水滴就会沿着倾斜盖板借助重力流到集水沟里，而后再流到集水器中。池式太阳能蒸馏器中海水的补充可以是连续的，也可以是断续的。

虽然太阳能蒸馏器有很多不同的结构形式，但基本原理是一样的。这类蒸馏器是一种理想的利用太阳能进行海水淡化的装置，使用过程中完全不用消耗能量。

三、太阳能海水淡化

世界上的水资源分布不均匀，有的地区水资源丰富，有的地区缺水严重，甚至在水源丰富的一些地区，人们也担心将来会缺水。在一些没有淡水的地区，如果能够把海水或微咸水变成淡水，世界上的人口就可以迁居到那些荒无人烟的地区去。

海水淡化，在技术上是可行的，而且相当简单，但经济上的障碍却难以逾越。淡水通常十分便宜，所以除特殊地区外，软化咸水无法和它竞争。从海水中生产并运输 4 吨优质水的费用应当低于 1 美元。

应用太阳能进行咸水淡化在竞争价格高的特殊地区进行开拓性工作的时机也已成熟。先在这些地区取得经验，就有可能降低费用，以便将来把太阳能这一用途扩大到其他地区去。

从技术上说，从咸水中制取淡水的方法有几种，包括以太阳能或燃料为能源的用单效或多效的冷凝蒸馏器蒸馏，用蒸汽压缩法、离心分离法、离子交换法、电化学处理法、电渗析法、溶剂萃取法、冷冻法等。

美国内政部带头提出研究和生产淡水的倡议，并资助佛罗里达州德托纳比奇的一个太阳能蒸馏海水的实验站。

除了美国之外，新墨西哥州也正在试验蒸汽压缩法。一套采用冷冻法的大型装置正在施工中。冷冻法所需的能量仅仅为蒸馏法的 1/7 左右，而且能减少对锅炉的腐蚀和水垢的形成。另一种方法是把与水不混溶的丁烷和水直接接触，不必使用换热器，即可自行蒸发制冷。

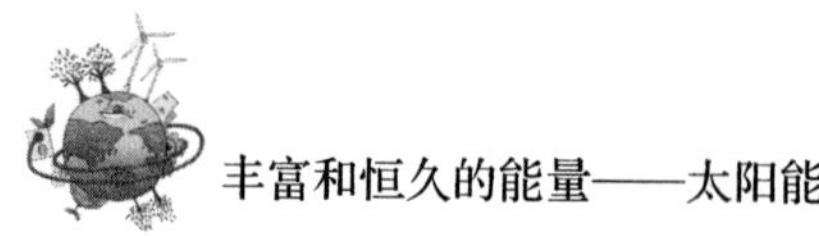

太阳蒸馏器的蒸馏量是由水的汽化热和太阳辐射能量决定的。将1克或1立方厘米的水从20摄氏度加热到50摄氏度并使之汽化，需要1850焦耳的热量。在夏季阳光明媚的一天里，太阳照射到1平方厘米的水平面上的辐射能量约为1850焦耳。

如果所有的热量都用于蒸发，那么在理论上可能蒸馏1厘米厚的水层。如果太阳蒸馏器的效率所能达到的合理值为35%，那么一天里所蒸馏的水层厚度仅仅为3.5毫米。大型太阳蒸馏器能够给面积相同的一块土地供水，水量和3.5毫米的雨量相当。

尽管太阳能蒸馏的原理简单明了，但它涉及很多因素，所以仍有充分的机会通过基础研究做出改进。它的生产费用低，因为不必使用燃料，而且需要劳力也很少，所以在生产费用上节约的潜力小。

不过减少投资额是完全可能的，方法是使用价廉的材料和结构，并用经久耐用的材料制作蒸馏器。可以预料人们将会大力降低投资费用。

在海水淡化产业发展方面，能源消耗过大，一直存在着淡化海水成本过高的问题。目前，太阳能中高温集热多效蒸馏海水淡化装置已进入市场引入阶段，许多先进的公司都已建成、调试成功该装置，并且具备了设计和建设规模化海水淡化工程的技术和管理能力。

与现有海水淡化利用项目相比，太阳能海水淡化系统有许多新的特点。

首先，它不会受到蒸汽、电力、风力条件的影响和限制，可独立运行，无污染、低能耗，运行安全稳定可靠，还可节约大量的石油、天然气、煤炭等传统能源；可弥补能源紧缺，在能源短缺、环保要求高的地区有很大的应用价值。

其次，太阳能海水淡化系统生产规模可以进行有机组合，适应性好，投资较少，产水成本相对较低，具有淡水供应市场应具备的竞争力。

到今天，人们进一步认识到，太阳能海水淡化装置的根本出路应该是与常规的现代海水淡化技术紧密结合起来，以实现优势互补，才能极大地提高太阳能海水淡化装置的经济性。

第四节　住，妙趣横生的房子

对于北半球的人而言，住房要坐北朝南，这样正面可以全天受到太阳光的照射，最大限度地享受太阳带来的温暖。但是，也会受到一定的制约，我们称这种房子为被动式太阳房。可以说，人类在利用太阳能房屋采暖方面已有悠久的历史。随着科技的进步，现在又出现了妙趣横生的太阳房，也称为主动式太阳房。

一、太阳房

早在 20 世纪末召开的世界太阳能大会上就有专家认为，当代世界太阳能科技发展有两大基本趋势：第一个是光电与光热结合，第二个是太阳能与建筑的结合。

人们常常提到的太阳房就是一种太阳能建筑。我国传统的民房几乎都是太阳房，是最原始、最感性的太阳房，是现代太阳房的雏形。

"太阳房"一词起源于美国。当时，人们看到用玻璃建造的房子内阳光充足，温暖如春，便形象地称之为太阳房。太阳房的基本原理就是利用"温室效应"。因为太阳辐射是在很高的温度下进行的辐射。

太阳辐射很容易透过洁净的空气、普通玻璃、透明塑料等介质，而被某一空间里的材料所吸收，使之温度升高。它们又向外界辐射热量，而这种辐射是长波红外辐射，较难透过上述介质，于是这些介质包围的空间形成了温室，出现所谓的“温室效应”。

按照目前国际惯用名称，太阳房分为两大类：被动式太阳房和主动式太阳房。

因此，对于居住建筑和中小型公用建筑来说，主要采用被动式太阳房。

1. 被动式太阳房

被动式太阳房是通过建筑朝向和周围环境的合理布置，内部空间和外部形体的巧妙处理，以及建筑材料和结构、构造的恰当选择，使其在冬季能采集、保持、储存和分配太阳能，从而解决建筑物的采暖问题。

同时，在夏季又能遮蔽太阳能辐射，疏散室内热量，从而使建筑物降温，达到冬暖夏凉的目的。

被动式太阳房最大的优点是构造简单、造价低廉、维护管理方便。但是，被动式太阳房也有其缺点，主要是室内温度波动较大，舒适度差。在夜晚、室外温度较低或连续阴天时，需要辅助热源来维持室温。

集热、蓄热、保温是被动式太阳房建设的三要素，缺一不可。

被动式太阳房按集热形式可分为直接受益式、集热蓄热墙式、附加阳光式、贮热屋顶式、自然对流回路式五种。

直接受益式是被动式太阳房中最简单也是最常用的一种。它是利用窗子直接接受太阳能辐射。太阳辐射通过窗户直接射到室

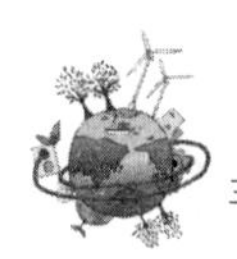

内地面、墙壁及其他物体上，使它们表面温度升高，通过自然对流换热，用部分能量加热室内空气。另一部分能量则储存在地面、墙壁等物体内部，使室内温度维持到一定水平。

直接受益式系统中的窗子在有太阳辐射时起着集取太阳辐射能的作用，而在无太阳辐射的时候则成为散热表面，因此在直接受益系统中，窗子尽量加大的同时，应配置有效的保温隔热措施，如保温窗帘等。

由于直接受益式被动式太阳房热效率较高，但室温波动较大，因此，适用于白天要求升温快的房间或只是白天使用的房间，如教室、办公室、住宅的起居室等。如果窗户有较好的保温措施，也可以用于住宅的卧室等房间。

集热蓄热墙式被动式太阳房是间接式太阳能采暖系统。阳光首先照射到置于太阳与房屋之间的一道玻璃外罩内的深色储热墙体上，然后向室内供热。

采用集热蓄热墙式被动式太阳房室内温度波动小，居住舒适，但热效率较低，常常和其他形式配合使用。如和直接受益式及附加阳光间式组成各种不同用途的房间供暖形式，可以调整集热蓄热墙的面积，满足各种房间对蓄热要求的不同，这种组合可以适用于各种房间的要求。但玻璃夹层中间容易积灰，不好清理，影响集热效果，且立面涂黑不太美观，推广有一定的局限性。

附加阳光间式被动式太阳房是集热蓄热墙系统的一种发展，将玻璃与墙之间的空气夹层加宽，形成一个可以使用的空间——附加阳光间。这种系统其前部阳光间的工作原理和直接受益式系统相同，后部房间的采暖方式则雷同于集热蓄热墙式。

被动式太阳房是一种经济、有效地利用太阳能采暖的建筑，是太阳能热利用的一个重要领域，具有重要的经济效益和社会效益。它的推广有利于节约传统能源、保护自然环境、减少污染，使人与自然环境得到和谐的发展。

2. 主动式太阳房

主动式太阳房是以太阳能集热器、管道、散热器、风机或泵以及储热装置等组成的强制循环太阳能采暖系统，或者是上述设备与吸收式制冷机组成的太阳能空调系统。这种系统控制、调节比较方便、灵活，人处于主动地位。

主动式太阳房的一次性投资大，设备利用率低，技术复杂，需要专业技术人员进行维护管理，而且仍然要耗费一定量的传统能源。

主动式太阳房是太阳能与建筑一体化，是将太阳能利用设施与建筑有机结合的产物。它利用太阳能集热器替代屋顶覆盖层或替代屋顶保温层，既消除了太阳能对建筑物形象的影响，又避免了重复投资，降低了成本。

主动式太阳房是未来太阳能技术发展的方向。它完美地把太阳能的利用纳入环境的总体设计，把建筑、技术和美学融为一体，使太阳能设施成为建筑的一部分，相互间有机结合，取代了传统太阳能的结构所造成的对建筑的外观形象的影响。

利用太阳能设施完全取代或部分取代屋顶覆盖层，可减少成本，提高效益。

主动式太阳房对于物业管理来说，安装规范、便于管理。对于房地产商来说，可以作为楼盘销售的卖点。而且，它可以单独为某个小区设立售后服务点，专门为该小区服务，免去客户的后顾之忧。

关于我国主动式太阳房的情况，我们可以从下面的资料中加深认识。

1977 年，我国的第一幢主动式太阳房建成于甘肃省民勤县，是一栋南窗直接受益结合实体集热蓄热墙的组合式太阳房。

20 世纪 80 年代初期，辽宁省太阳房试验示范工作开始进行，而且发展势头强劲，每年以 10 万平方米的速度发展。进入 21 世纪，全省共推广太阳房 250.7 万平方米，面积居全国首位。这些主动式太阳房中有住宅、农村中小学校舍、村镇办公室、敬老院等。

当前，我国主动式太阳房已进入规模普及阶段，而且逐渐合理化，由群体太阳能建筑向太阳能住宅小区、太阳村、太阳城发展。特别是在传统能源相对缺乏、经济相对落后、环境污染比较严重的西部地区，太阳房的发展速度更为迅速，有的地区甚至年平均递增率达到了 15%。

各地还制订了包括推广太阳能建筑的“阳光计划”。比如，兰州市投资额达 4.28 亿元的“阳光计划”，甘肃省临夏市的太阳能小区占地 9.8 公顷（1 公顷=10 000 平方米）、建筑面积 9.2 万平方米，以及西藏计划投资 900 万元资助新建 27 万平方米的太阳房等大型工程项目，都是主动利用太阳能的范例。

另外，我国第一座全太阳能建筑已在北京落成，这座建筑占地 8000 平方米，主体建筑室内的洗浴、供热、供电等所有能源都是由太阳能来提供的。建筑南墙、屋顶坡面等位置都安装着数个太阳能集热器。这些集热器在夏季可为空调设备提供驱动热源，在冬季可为取暖提供一定的保障。此外，建筑内还安装了太阳能发电系统，投入运营后可提供 50 千瓦的电力，足以满足日常用电所需。

太阳房可以节约 75%到 90%的能耗，并具有良好的环境效益和经济效益，成为各国太阳能利用技术的重要方面。在太阳房技术和应用方面欧洲处于领先地位，日本已利用这种技术建成了上万套太阳房等。

当然，我国太阳能建筑开发利用的过程中也存在一定的问题，与国外太阳能利用比较成功的国家相比，还存在很大的不足。

总而言之，太阳房成为未来建筑的一个重要方向。我国也正在推广综合利用太阳能，使建筑物完全不依赖传统能源的节能环保性住宅。相信在不久的将来，太阳房定将造福越来越多的人。

二、发光混凝土砖和光电幕墙

目前，我们可以看到屋顶各种形式的太阳能热水器，它就像冰箱、彩电一样已逐渐成为人们生活的基本消费品。然而，目前的太阳能热水器只考虑自身的结构和功能，没有考虑到建太阳能热水器几乎无一例外地破坏了建筑的整体形象。

事实上，太阳能集热器本身具有防水隔热的作用，这与建筑物屋顶的作用具有相似之处，即可以利用太阳能集热设施部分或全部代替屋顶覆盖层的作用，从而可节约投资。

因此，若能把建筑物与太阳能设施放到一起考虑，实现相互间的有机结合，便可节约投资，保持建筑物的整体美观性不受破坏，又可最大限度地利用设施与建筑的一体化问题，一般简称作“太阳能与建筑一体化”。这样的建筑方式把建筑物的功能和太阳能的利用有机地结合到了一起，是兼顾了居住方便、美观和舒适的建筑物。

经过研究，人们设计出了一种太阳能发光混凝土地砖。这种混凝土地砖由有机材料和无机材料制作而成，在吸收足够的太阳能后，会自动发光。

在没有阳光照射的时候，发光混凝土地砖就会把储存的太阳能以光的形式释放出来，能够起到照明、装饰、节能的作用。

太阳能发光地砖的结构并不复杂，主要是由外壳、发光板、发光体、太阳能电路板以及电池组成。太阳能发光地砖采用透光材料制作而成。发光板具有一层半透光的散射层，采用透光材料制作而成。发光板和太阳能电路板依次放置在外壳中。

发光体安装在外壳内部，位于发光板的侧边，并且和电池、太阳能电路板相连接。太阳能发光地砖的照明及装饰效果都非常不错。

如果发光混凝土地砖的物件还比较小的话，人们还设计出了光电幕墙。它是采用了特殊树脂将太阳能电池粘贴在玻璃上，镶嵌在两片玻璃之间制作而成的。

光电幕墙根据的是光电效应，运用光电板的技术，通过光电池把太阳光转化为电能，其中太阳能光电池技术是关键。太阳能光电利用太阳光的光子能量，使得被照射的电解液或半导体材料的电子移动，从而产生电压，这就是光电效应。

太阳能光电幕墙集合了光伏发电技术和幕墙技术，是一款高科技产品。它是一种新型建材，具有隔热、隔音、安全、发电、装饰等多种功能。

目前，太阳能光电幕墙价格比较昂贵，因此，仅仅用于标志性建筑的屋顶和外墙。太阳能光电幕墙代表国际上建筑光伏一体化技术的最新发展方向，体现了建筑的智能与人性化相结合的特点。

实际上，早在100多年前，人们就利用光照使浸入电解液的锌电板产生电流，从而发明了光电模板。1945年，美国研究人员对硅元素的使用取得了巨大的进展，光电模板首先被用在宇宙航行上。

如今，人们越来越关注健康，绿色环保意识日益增强。随着科技发展的进步，将光电模板装入幕墙中已经变为现实，建造光电幕墙楼房的时代到了。

20世纪90年代以后，常规发电成本日益上升，环境污染越来越严重，人们对环境保护日益重视。一些国家纷纷实施、推广太阳能屋顶计划，由此推动了光电技术的大规模开发与应用，并且提出了“建筑物产生能源”的新概念。

目前，已经有太阳能屋顶或外墙的建筑在美国、日本、德国、意大利、印度等国家试建成功。

20世纪末，在慕尼黑最大的建筑行业展览会上，光电幕墙被德国的旭格公司首先展出，成了将太阳能应用到建筑装饰业的开端，引起了专业人士的极大重视。

光电幕墙还提供了一种与众不同的造型，体现了科技发展的进步。目前，由于受到科技发展水平的限制，我国太阳能光电幕墙的使用还存在一些问题。

三、太阳能建筑

和传统的建筑相比较，太阳能建筑的采暖更加方便和环保。为了减少传统能源的消耗，人们设计建造了很多种以太阳能作为能量来源的房屋，在这样的房屋里生活，环境更加清洁、更有安

全感也更加舒服。

美国作为一个发达国家，建筑用能已占全国总能耗的 30%到 90%，对经济发展形成了一定的制约作用。为了减少能耗、降低污染、调整能源结构，实现环境保护的可持续发展，美国对太阳能进行了积极的探索，其中“百万太阳能屋顶计划”就是规模最大、涉及部分最多、正在逐步实现的项目计划。

相关资料有如下的记载：“百万太阳能屋顶计划”是美国面向 21 世纪的一项由政府倡导、发展的中长期计划。这一计划的实现，太阳能技术的应用将进一步扩大，达到减少温室气体排放，扩展能源选择，创造新的高新技术工作岗位等目的，给美国带来相当可观的环境效益和经济效益。

“百万屋顶计划”将生产相当于 2 到 3 个燃煤发电厂的电力，不仅满足了建筑物自身的电力需求，而且有的地方已经在出售由太阳能所产生的电力。

在太阳能的利用方面，日本也不甘落后。凭借自己的优势，走在了世界的前列。作为世界规模最大的经济体之一，日本是世界上主要能源消耗大国，而且其能源严重依赖进口。但是，近年来日本节能技术使能源利用效率大幅提高，新能源开发利用出现扭亏为盈的倍增趋势。

在日本，普通的居住小区对节能十分重视，太阳能利用比较普遍。对居住小区的节能工作，由日本建设省颁布建筑法规与规范做了明确的规定。在建筑物的保暖节能方面，规范中对建筑物的围墙结构、分层厚度及选用保暖材料等均做出具体的规定。

在采光和节电方面，日本居住小区中比较普遍地应用太阳能，它大多属于被动式太阳房系统。

欧美国家对太阳能开发和利用走在世界的前列。在太阳能的利用过程中，热利用技术是很重要的一块内容。

针对太阳能热水系统初始投资大，回收时间较长，尚未制定用于太阳能采暖的标准以及一些决策者对太阳能知识的不了解，太阳能热水系统还未完全被消费者接受等问题，欧洲一些国家克服障碍，推动太阳能热水器的应用。

现在欧洲一些国家普遍认为，被动式太阳能采暖技术将会成为 21 世纪建筑设计的趋向。世界上普遍认为使用“热泵”具有节约能源、节约材料、减轻城市空气污染等优势，对建筑供热是一种很有发展前途的热源设备。

将热泵与太阳能集热器联合运行，这样可以解决冬季太阳能供热中存在的水温低、利用时间短、经济性差等问题。

德国建筑学家成功制造了一种向日葵式的旋转房屋。它装有如同雷达一样的红外线跟踪器，只要天一亮，房屋上的马达就会启动，使得房屋迎着太阳缓慢转动，始终与太阳保持最佳角度，让阳光以最大限度照进屋内。在夜间，房屋又会在不知不觉中慢慢复位。这种建筑能够充分利用太阳能，保证房屋的日常供热和用电，又能将太阳能储存起来，可在阴雨天和夜晚时候使用。

法国国家实用技术研究所，新发明了一种建筑外墙玻璃可以同时起到太阳能热水器的作用，这一研究成果非常适合目前法国提倡的建筑节能要求。法国政府通过改善房屋结构和利用自然资源，达到了节省电能和保护环境的目的。

人类的科学技术会发展得越来越完善，对于太阳能这种清洁能源的利用也会越来越广泛。但是，无论是怎样的太阳能建筑，都是以太阳能的利用为最基本的出发点，以人们的生活更加清洁方便为最根本的目的，这是人类在太阳能利用方面的梦想和追求。

第五节　行，处处是加油站

如果，有这样一辆车，它可以不用加油就可以行驶。它也不是神话故事中说飞就飞的飞毯。什么样的车能做到？只有太阳能驱动的车。

无论是太阳能自行车、汽车还是太阳能飞机，它们都可以不用加油。因为它们身上有太阳能电池。对它们而言，只要阳光能够到达的地方，处处都是加油站。

一、太阳能自行车

自行车是人们使用得最多的交通工具。电动自行车真正实现了“自行”的愿望，然而，电动自行车的行驶需要蓄电池的支持。蓄电池又笨又重，而且怕水，还需要经常充电，有一定的使用年限，给电动车的使用带来了一定的不便。如果能够解决动力的问题，就完美了。

英国发明了一种靠太阳光产生动力驱动的太阳能自行车，它的外观看起来和普通自行车没有多大区别。唯一的区别就是在自行车上载有一个可以接受太阳能的棚顶装置。

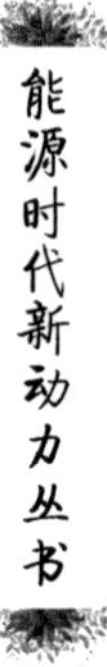

当使用者蹬自行车上的脚踏板后，天篷将会把接收到的太阳光转化成能量储存在自行车电池中，该电池通过放电驱动自行车后轮处的电子发动机，使得自行车行进。据了解，这种自行车的最高时速为 15 千米。

中国也在研制和生产太阳能自行车。首辆太阳能自行车已经问世，并开始有一定数量的生产。

据悉，重量只有 9 千克的太阳能自行车，其款式非常简单，外形就像普通的折叠自行车一样，车头上挂着一块蓝色太阳能板，看不到电瓶。这种自行车折叠携带方便，遇到雨天可以通过备用外接电源充电，或使用脚蹬；特别是在野外时，可以利用太阳能电池给电脑、手机、照明等使用。

目前，电动自行车存在很多不足，在行驶里程、功率、再充电能力和蓄电池寿命方面有很多限制。传统的铅酸蓄电池（包括进口原装免维护电池），其使用寿命短，仅可充放电 400 次。

如果，把蓄电池容量用完后充电，即深放电使用蓄电池，也只能多使用 20 次，蓄电池就会失效。这就限制了电动自行车的发展。

太阳能自行车应用的是“太阳能浮动”充电原理，此类电源可以降低蓄电池的放电率，补充蓄电池的自放电损失和减轻蓄电池深度放电，从而可以大幅度甚至数倍地提高蓄电池的使用寿命。

目前，我国是世界上自行车数量最多的国家，同时，正在逐步成为电动自行车数量最多的国家。我国的国情以及其他的经济因素决定了我国不可能像欧美发达国家那样，全面使用小轿车作为代步工具。因此，电动自行车有可能成为中国人的主要个人交通工具。

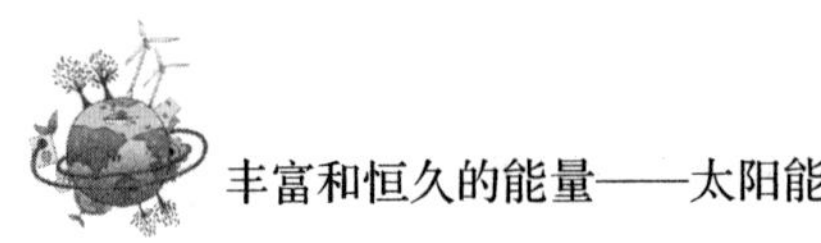

因为与摩托车相比，电动自行车不会产生有害气体排放，无噪声。如能做好蓄电池的回收工作，则几乎对环境没有任何污染。

太阳能电池是为人类提供能源的最理想的介质之一，因此，也理所当然地将成为为电动自行车提供电能的最理想的途径。

内燃机的效率远比电动机低。根据测定，汽油的能量为 12.8 千瓦/千克，假如摩托车耗油为 2 升/百千米，则其能量消耗相当于 17.9 千瓦时/百千米，而电动自行车的实际测定能量消耗为 1.25 千瓦时/百千米。

尽管电动自行车的速度、性能和负载能力都比不上摩托车，但如今就城市交通来说，摩托车的能量消耗是电动自行车的 17 倍。无论一次性购置费用或者每年的使用费用，电动自行车都比摩托车便宜很多。若能够将太阳能应用到电动自行车的充电方面，对于电动自行车的推广将意义重大。对于城市的环境也有颇多的益处。

二、太阳能飞机

人们对太阳能的利用越来越多，也越来越深入。成功制造太阳能自行车之后，人们开始大胆假设太阳能能否成为飞机的飞行动力，代替原来飞机的燃料，让飞机自由地翱翔在天空中。为此，很多飞行设计师们进行了积极的尝试。

太阳能飞机是以太阳能作为动力的飞行器。以太阳能作为未来航空航天器的辅助能源乃至主能源，是人类具有方向性和前沿性的重要研究目标。

20 世纪中期以来，关于太阳能飞行器的研究已经成为世界航空航天业重点发展的新兴领域。其原因主要是，人们有必要向地球以外的空间寻求持久的和洁净的能源，以缓解越来越严重的能源困境，保护地球的环境。

社会不断进步，使得人类在实践中对飞行器的航高、续航力等要求越来越高，而吸气式发动机带动的飞行器无法在空气稀薄的高空飞行，航高受到限制。飞机爬升到高空也需要耗费大量燃料，因而这也限制了续航力。

而太阳能飞行器可以在低密度空气环境中飞行，理论上讲，飞得越高，则太阳能飞行器的采光集能效益越好。因此，相对于常规飞行器来说，太阳能飞行器在航行时间与航高方面具有明显优势。这种优势使太阳能飞行器有可能替代低轨道卫星的部分功能，造福人类。

目前，尽管太阳能飞机还没有进入实际应用阶段，但人们对太阳能飞行器有极大的热情，一些国家投入巨资进行了研究开发，并取得了重大进展。下面就以太阳能飞机为例为大家介绍太阳能飞行器发展史上的两个里程碑。

20 世纪，人类在飞机的研制过程中积累了制造低速、轻型飞机的经验。在这一基础上，美国在 20 世纪 80 年代初研制出了单座的太阳能飞机，命名为“太阳挑战者”号。

“太阳挑战者”号飞机空重 90 千克，翼展 14.3 米，翼载荷为 60 帕，在机翼和水平尾翼的表面上，安装了多达 1.6 万片硅太阳能电池，它们在理想阳光照射下能输出 3000 瓦以上的功率。

这架飞机成功地由巴黎飞到英国，航程 290 千米，平均时速 54 千米。但是，当时太阳能飞机还处于试验研究阶段，技术还不完善。所以，“太阳挑战者”号的有效载重和速度都还很低。

近几年，瑞士探险家伯特兰·皮卡德计划不使用普通燃料，而是驾驶太阳能飞机进行连续环球飞行，取名为“太阳驱动”计划，又称“太阳脉动”计划。该计划是由来自欧盟的许多金融大亨私人资助，并非瑞士或者欧盟的任何官方组织所资助。

项目启动时已经得到近1亿美元的私人资助。这一项目是一个重大的技术挑战——太阳能电池必须在白天储存足够的能量，以保障夜间的正常飞行。飞机需要配备两部螺旋桨发动机，飞行时速70千米，高度可达1万至2万米，白天飞行时采集的太阳能还要为蓄电池充电，以维持夜间飞行。

世界上第一架不用一滴燃料、无污染、零排放的环保新成员，并且实现了不间断环球航行的太阳能飞机主要由碳纤维材料制成，整体重量仅为1600千克，相当于一辆家用中型汽车。整架飞机看上去轻灵单薄、颇似航空模型，却是集高科技成果于一身的航空器家族的革命性新成员。它无须燃料，但可以在8000米的高空以平均70千米的时速飞行。

目前许多人认为，太阳能只能在小范围内满足部分人对绿色生态的向往，不能解决未来更重要的现实问题。而今太阳能飞机的问世使我们在哥本哈根关于气候变化的会议上有勇气去寻求解决问题的方法，在这场危机中对世界进行持续性改造。

这不是第一架能够采用太阳能进行飞行的飞机，但它却是第一架仅仅依靠阳光动力，并能实现夜间飞行的飞机。过去，许多太阳能飞机其实使用了混合动力，而且它们无法储藏太阳能，也不能实现夜间飞行。

太阳能飞机的翅膀都比较长，以便在翅膀上安装大面积太阳能电池，得到更多的电能用来为飞机提供动力。太阳能飞机自诞生以来，性能越来越先进了。美国制成的“探索者”号太阳能飞机，机翼有74平方米，上面装有许许多多轻型硅太阳能电池，并采用了新型节能螺旋桨。这架飞机在做高空试飞时，竟飞到了2万米高空。“探索者”号太阳能飞机能对环境进行监测，还能跟踪风暴。

由美国研制的“引路者”号太阳能无人驾驶飞机，可以用来警戒大气层内飞行短程弹道导弹，能在战区上空连续飞行几个星期，甚至几个月，探测进犯的导弹，并能发射小型导弹。

经过设计师们不懈地努力，太阳能飞机不断地改进，有朝一日，太阳能飞机就能大规模投入使用。

三、“太阳蛋”

除了太阳能飞机，日本三洋电机首创太阳能飞船，取名为“太阳蛋”。

太阳能飞船全长7米，高2.5米，飞船顶部装有5.6平方米、输出功率约280瓦的太阳能电池板，通过光电转换产生电能，并蓄存在镍蓄电池组中，作为推动飞船螺旋桨电机的动力源。由于飞船采用太阳能作为动力，因此无须从地面供给能源，可长时间在空中飞行。

可以说，太阳能能源的交通工具越来越多，虽然还没有大规模使用，不可否认的是，它具有光明的发展前景。在将来一定能够大有作为。

第六节　太阳能汽车，即将驶向坦途

和太阳能自行车、太阳能飞机一样，太阳能汽车是一种靠太阳能来驱动的交通工具。相比传统热机驱动的汽车，太阳能汽车是真正的零排放。它以低碳环保的优点，深受很多国家重视。在能源和环境的双重压力下，太阳能汽车具有光明的前景。

一、让汽车不再“吃油”

汽车的燃料是汽油或者柴油。汽油和柴油都是从石油中提炼出来的。然而，一方面石油这种矿物燃料是不可再生的，总有一天要用完，人类将面临能源的挑战。

从另一方面来说，石油本身就是一种宝贵的化工原料，可以用来制造塑料、合成橡胶和合成纤维等。把石油作为燃料烧掉了，不但十分可惜，而且还污染了人类赖以生存的环境。

城市中重要的污染源头之一是燃烧汽油的汽车，这种汽车排放的二氧化硫和氮氧化物等废气都会污染空气，极大地影响人们的身心健康。

各国的科学家希望用污染较少的电动汽车取代燃烧汽油的汽

车，因此积极致力于开发电动汽车。但是，现在地球上的主要电力都是来自燃烧化石燃料，电动汽车的使用势必会大大地增加用电需求，从而使发电厂释放的污染物相应地大量增加。

而太阳能汽车则没有电动汽车的这些弊端，于是一些环保人士就积极提倡发展太阳能汽车。该种汽车的太阳能电池把太阳能转化成电能，并在蓄电池中储存起来备用，用来推动汽车的电动机。它既不燃烧化石燃料、放出有害物、直接污染环境，也不使用燃烧化石燃料产生的电，间接地污染环境。

如果由太阳能汽车取代直接或间接地燃烧化石燃料的车辆，每辆汽车的二氧化碳排放量可减少 43%至 54%。

早期的太阳能汽车是在墨西哥制成的。这种汽车，在车顶上安装有一个装太阳能电池的大棚。在阳光照射下，太阳能电池供给汽车电能，使汽车的速度达到 40 千米/小时，由于这辆汽车每天所获得的电能只能行走 40 分钟，所以它还不能跑远路。

二、太阳能汽车，技术可行

现在世界上很多国家都在研制太阳能汽车，并进行交流和比赛。

20 世纪 80 年代，澳大利亚举行了一次世界太阳能汽车拉力大赛。有 7 个国家的 25 辆太阳能汽车参加了比赛。赛程全长 3200 千米，几乎纵贯整个澳大利亚国土。

在这次大赛中，美国“圣雷易莎”号太阳能赛车以 44 小时 54 分的成绩跑完全程，夺得了冠军。

“圣雷易莎”号太阳能赛车，虽然使用的是普通的硅太阳能

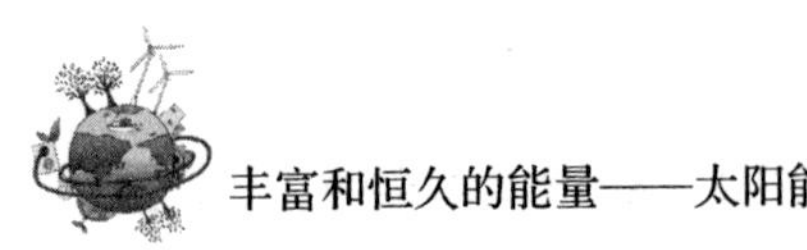

电池，但它的设计独特新颖，采用了像飞机一样的外形，可以利用行驶时机翼产生的升力来抵消车身的重量，而且安装了最新研制成功的超导磁性材料制成的电机，因此使这辆赛车在大赛中创造了时速 100 千米的最高纪录。

后来，在澳大利亚太阳能汽车比赛上，由荷兰制造的名为“Nuna Ⅱ”的太阳能汽车取得了冠军，它以 30 小时 54 分钟的时间跑完了 3010 千米的路程的成绩，创造了太阳能汽车最高时速 170 千米的世界纪录。

然而，尽管人们对太阳能汽车寄予了很大希望，但由于种种原因，太阳能汽车在现实世界获得成功的路还很长。

我国研究太阳能汽车已经有几十年的历史。

20 世纪 80 年代，我国推出了首辆自行研制的太阳能汽车——“太阳”号，之后又相继出现了各种外形奇特的实验室概念汽车，既有高校制造，也有民间爱好者出品。

随着技术的进步，近年来国内外出现了一些外形类似普通汽车的太阳能汽车，但是由于性能、成本、政策等方面的原因，太阳能汽车到今天依然没有实现产业化。

近几年，国内生产出首批头顶太阳能电板的太阳能汽车。这种车完全靠太阳供电，无须耗油，且售价只有 3.8 万元。这是全国第一批由企业批量生产的太阳能汽车。

从目前情况来看，太阳能汽车最大的障碍，就是造价远远超过了燃油汽车的价格。因此，在经济成本的重压下，太阳能汽车走向市场，形成产业化举步维艰。因为价格是决定市场的重要因素，因此，昂贵的造价不利于太阳能汽车的普及推广。

此外，太阳能汽车的效率过低，目前为止不能充分满足人们的生产、生活的相关需求，它的低效率会大大制约社会的发展，因此，这个缺点也将制约太阳能汽车的推广与应用。

针对这些缺点和不足，我们并不是知难而退，而是要想出更加合理的解决之道。人们应该积极开发研究更先进的技术，用科学来解决实践中的各种难题，最后实现太阳能汽车的实际运用。

毕竟太阳能汽车具有非常优良的利用性能。它能够综合传统汽车驱动模式，采用混合驱动形式，在使用性能上，取得了很多优势。

因有汽油发动机驱动，太阳能汽车蓄电池的容量只要满足一天的使用量即可，与全用蓄电池的车相比，其容量可减少一半，也减轻了车重。此外，城市中大多数车辆都处在低速行驶状态下，采用电机驱动可最大可能地降低城市局部污染。这也是解决目前太阳能汽车缺陷的一个可行的思路。

小资料：泪滴形太阳能汽车

根据相关报道，剑桥大学的学生们设计了一辆更加符合空气动力学的泪滴形太阳能动力汽车。我们知道，为了使太阳能板的表面最大化，大多数太阳能汽车都有着相对平坦和宽广的外形。但是，这种汽车有着泪滴状的外形，在行驶过程中，这种形状可能更加合适。

这种汽车的原型被命名为“决心号”，剑桥大学学生在比赛团队的负责人在一份声明中说道：“‘决心号’是与众不同的，因为它克服了影响大多数太阳能汽车的主要限制。通常太阳能汽车的结构都是考虑空气动力性能和太阳能性能之间的权衡设计的。这是过去10年间的设计方式，我们完全改变了这个概念，我们认为太阳能性能需要适应于太阳的移动，但是汽车必须达到

最佳的空气动力学性能。为了使汽车尽可能地快速和强大，我们需要找到分离两种想法的方式，而不是找到它们之间的平衡。”

“决心号”的车身不足5米，宽0.8米，高1.1米，最高时速能达到87千米。

第五章　光伏产业——捕捉阳光

什么是光伏产业？光伏产业就是太阳能的光热利用。光伏产业是以硅材料的应用开发为主的，将太阳能的光伏效应转化成能源以及相关的产业。简而言之，就是利用太阳能发电和相关产业。

近些年来，世界各国为了更有效地开发和利用太阳能，积极发展光伏产业，尽力捕捉阳光，进行发电。

第一节　揭开光伏产业的神秘面纱

很多人都觉着钞票重要，因为它使用性能好，能够购买很多东西。我们对于光伏产业的看法也是如此。光伏产业的产品适用于很多需要电源的场所，上至航天器，下至家用电源，大到兆瓦级电站，小到电动玩具，光伏产品用作电源的情况无处不在。那么，光伏产业究竟是怎样的情况，在接下来的内容中，我们将揭开光伏产业的神秘面纱。

一、什么是光伏产业

光伏是光生伏特的简称，简单来说，就是太阳能转变成电能的一种现象，它也是利用太阳能的最佳方式。利用光伏效应，使太阳光射到硅材料上产生电流直接发电。作为一种将太阳光辐射能直接转换为电能的一种新型发电系统，光伏发电有独立运行和并网运行两种方式。

光伏首先是由光子（光波）转化为电子，太阳能转化为电能的过程；其次，是形成电压的过程。有了电压，就像筑高了大坝，如果两者之间连通，就会形成电流的回路。

利用太阳能发电，其基本原理就是“光伏效应”。太阳能发电的任务就是要完成制造电压的工作。因为要制造电压，所以完成光电转化的太阳能电池是阳光发电的关键。

简单地说，光伏产业就是利用光伏效应，使太阳光照射到硅材料上产生电流直接发电和以硅材料的应用开发形成的产业链条称之为“光伏产业”，包括高纯多晶硅原材料生产、太阳能电池生产、太阳能电池组件生产、相关生产设备的制造等。

光伏技术具备很多优势：比如，没有任何机械运转部件，除了日照外，不需其他任何“燃料”，在太阳光直射和斜射情况下都可以工作。同时，太阳能组件无须维护，运行成本最小化。从站址的选择来说，也十分方便灵活，城市中的楼顶、空地都可以被应用。

20 世纪 50 年代开始，太阳能光伏效应以太阳能电池的形式在空间卫星的供能领域首次得到应用。时至今日，小至自动停车计费器的供能、屋顶太阳能板，大至面积广阔的太阳能发电中心，太阳能光伏效应在发电领域的应用已经遍及全球。

二、光伏发电与太阳能电池

为什么光伏技术是直接把阳光转变为电，而不用先转换为热。法国物理学家安东尼·埃德蒙·贝克勒尔在工作期间发现，他利用光线照射某些金属可以产生电流，光伏发电从此拉开了序幕。

但是，贝克勒尔等人发现的电流很微弱，而且他们无法解释这个现象，直到 19 世纪，人们对光电之间关系的研究才取得一定的进展。在贝克勒尔实验之后，美国发明家查尔斯·弗里茨发明了第一个真正的太阳能电池。

弗里茨使用的材料为硒。弗里茨所研发的电池技术引人注目，具有非凡的意义。弗里茨深信自己的电池技术具有很大的潜力。但目前所研发的电池只能把约1/100的入射光转变为电，所以还不能为人们提供实用的价值。

后来，德裔物理学家阿尔伯特·爱因斯坦发表了一篇学术论文，在论文中解释了光电效应的原理，也就是太阳能电池的发电原理，在理论上取得了突破性进展。因为这篇论文，爱因斯坦最终获得了诺贝尔物理学奖。

在随后的几十年中，光伏发电的相关实验工作不断进行，但是直到20世纪中期，第一个大发电量的光伏电池才诞生。它是贝尔实验室用硅制造而成的产品，转换效率达到6%。

20世纪50年代早期的这项发明只比人类发射第一颗人造卫星稍早，当时美国和苏联正在进行激烈的太空竞赛，争相发射越来越复杂的航天器到太空。

在太空竞赛早期，苏联和美国制造的太阳能电池价格昂贵，效率低下，但是没有其他替代品。光伏技术提供了一个能够长时间连续工作的电源。当时，美国发射的“先锋一号”人造卫星配备了光伏电池阵列，但提供的电功率不足一瓦。

在那之后苏联发射的“伴侣系列”人造卫星也配备了光伏装置。在光伏技术为美国和苏联的大部分太空设备提供电力的同时，太空竞赛的压力也推动了光伏技术研究的进展。

空间光伏技术的发展稳定而迅速。就在“先锋一号”发射几年后，美国国家航空航天管理局发射了七颗“雨云”卫星中的第一颗。为大气科学研究而设计的“雨云一号”配备了功率为470

瓦的光伏电池阵列。

为了满足科技发展的需求，在美国贝尔实验室里，科学家发现了光电效应的效率可达 10%的材料。他们将半导体材料硅的晶体切成薄片，一面涂上硼作为正极，另一面涂上砷作为负极，接上电线后，用光照射，电线里便有了电流。世界上第一个太阳能光电池就是这样诞生的。

目前，制造太阳能电池的半导体材料已知的有十几种，因此，太阳能电池的种类很多。技术最成熟，并具有商业价值的太阳能电池要算硅太阳能电池。

硅是地球上最丰富的元素之一，用硅制造太阳能电池有广阔的前景。人们首先使用高纯硅制造太阳能电池（即单晶硅太阳能电池）。由于材料昂贵，这种太阳能电池成本过高，初期多用于空间技术作为特殊电源，供人造卫星使用。

20 世纪 70 年代开始，把硅太阳能电池转向地面应用。近年来，非晶硅太阳能电池研制成功，这使硅太阳能电池大幅度降低成本，应用范围会更加广阔。可以预见，大型太阳能电池发电站，太阳能电池供电的水泵和空调等将逐渐进入百姓家庭。

除了硅太阳能电池，还有多元化合物太阳能电池，它是一种由单一元素半导体制成的太阳能电池。多元化合物太阳能电池有很多种类，其中，由硫化亚铜-硫化镉构成的异质结太阳能电池中的薄膜硫化镉太阳能电池更引人注目。

这种薄膜太阳能电池轻薄如纸，厚度只有 50 至 100 微米，制作工艺简单，成本低廉。但目前存在衰降和封装技术问题，长期未能将其商品化生产和推广。

还有一种是砷化镓太阳能电池，能耐高温，在 250 摄氏度的条件下光电转换性能良好，适合做高倍聚光太阳能电池。但是成本很高，主要材料（砷化镓）的制备较难，因此短期内成批生产和广泛使用均有一定的难度。

液结太阳能电池是一种光电、光化的复杂转换。它是将一种半导体电极插入某种电解液中，在太阳光照射的作用下，电极产生电流，同时从电解液中释放出氢气。

小资料：世界上最早的太阳能电池

世界上最早的太阳能电池，和航天有关。

那是在20世纪50年代，当时世界上最强的两个国家美国和苏联都积极发展航空事业。两国的科学家都积极研究方便实用的电池。

1953年，美国贝尔研究所研制出硅太阳电池，获得6%光电转换效率的成果，这也是世界上最早的太阳能电池。它的出现，对于航天领域的拓展有了划时代的意义。

事实上，人类最初研制太阳能电池就是为了更好地发展航天技术。因为人造地球卫星上天，卫星和宇宙飞船上的电子仪器和设备，需要足够的持续不断的电能，普通蓄能电池根本满足不了需求。这种电池必须满足重量轻、寿命长、使用方便，能承受各种冲击、振动等因素，最终太阳能电池应运而生。

直到1958年，美国的“先锋一号”人造卫星正式启动，它是第一颗使用太阳能电池的卫星。这也是太阳能电池从诞生到使用的开始，从此以后，太阳能电池技术不断进步，成为最具有发展潜力的能源之一。

三、光伏产业和太阳能发电

无论是发展航空航天设备，还是在地面上使用，光伏发电都有良好的利用性能。如果，想使太阳能发电真正达到实用水平。那么，必须要提高太阳能光电转换效率并降低其成本。而且，也必须要实现太阳能发电同现在的电网联网。

目前，太阳能电池主要有单晶硅、多晶硅、非晶态硅三种。其中，单晶硅太阳能电池转换效率最高，已达 20%以上，但价格也是最贵的。非晶态硅太阳能电池转换效率最低，但价格也是最便宜的，今后最有希望用于一般发电的可能就是这种电池。

一旦太阳能电池的大面积组件光电转换效率达到 10%，每瓦发电设备价格降到 1 至 2 美元时，便足以同现在的发电方式竞争。估计 21 世纪末便可达到这一水平。

当然，有特殊用途或者实验室中用的太阳能电池效率要高得多，如美国波音公司开发的由砷化镓半导体同锑化镓半导体重叠而成的太阳能电池，光电转换效率可达 36%，几乎赶上了燃煤发电的效率。但是，由于它太贵，目前只在卫星上使用。

在环境问题和生态问题亟待解决的今天，太阳能光伏行业愈加吸引了人们的目光。经过近几年飞速的发展，我国的光伏产业已经具有一定的规模，已经成为太阳能电池、组件和太阳能热水器的生产和销售大国。

目前，太阳能电池作为小功率的特殊电源，已在很多行业应用，比如航标、灯塔、微波中继站、铁路信号、电围栏、电视差转、电视接收、无人气象站、金属阴极保护和抽水灌溉等方面。

据不完全统计，到20世纪末，世界上100千瓦以上的太阳能电池发电站已经有数十座之多。

由于技术的不断进步，各国将目光都投向了高功率的太阳能电站。这是因为太阳能电站有着无可替代的产业优势。

第一，太阳的能量永不枯竭。

第二，太阳能的采集地点要求不高；和水电与风电相比较，水电站或风电站对地理位置的要求则比较高。

第三，建立太阳能发电站所需的时间比水电站要低。

第四，使用太阳能不会造成环境污染，是理想的绿色能源。

第五，适用范围比较广，就算一般家庭也可以利用太阳能发电。

因此，世界各国为了更有效地开采和使用太阳能，不断发展着太阳能光伏组件技术，尽可能地利用这个"永不枯竭"的能源。

光伏产业对于实现太阳能发电具有重要的战略意义，实现光伏产业的市场化，也有助于我们完成能源结构转型，对于缓解能源压力，具有重大的经济效益和社会效益。这是一条漫漫长路，我们需要继续前行。

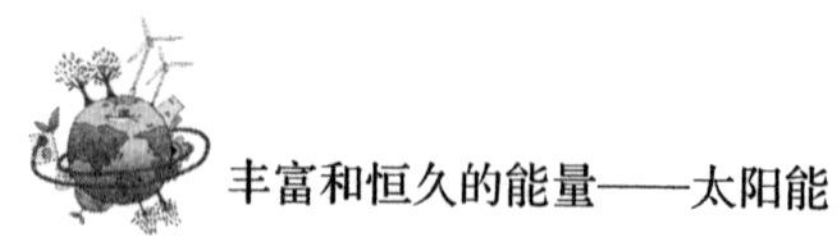

第二节　光伏产业与传统能源产业相对比

从上文得知，光伏产业包括光伏发电和硅材料的应用开发。为了方便理解，本文的光伏产业多数情况下指代光伏发电。和传统能源产业相比，光伏产业起步晚，规模小，技术难度高，经济成本大。但是，在与传统能源产业的对决中，越来越多的人相信，光伏产业能够战胜传统能源产业。因为它具有可再生性，而且在发电过程中，更加清洁，几乎没有污染。

随着传统能源产业资源总量的衰竭，而光伏产业发展后劲足，我们相信，光伏产业在社会建设中一定会发挥越来越大的作用。

一、光伏发电的优点

传统能源日渐衰竭，未雨绸缪，发展新能源，势在必行。在新能源革命中，光伏发电有可能担负未来的能源需求。光伏产业的适用范围非常广，可以使得每一户家庭都可以轻松地使用太阳能。

正因这些足够多的优点，使得世界各国为了更有效地开采和使用太阳能，使出各种手段，不断地发展着太阳能光伏技术，尽可能地利用这个“永不枯竭”的能源。

太阳能是能够保证人类未来能量需求的能量来源之一。光伏发电是利用太阳能将光子转化为电子的一个纯物理过程，转化过程不排放任何有害物质。

太阳能的资源非常充足，据美国能源部报告，世界上潜在水能资源 4.6 太瓦（1 太瓦=10^{12} 瓦），实际可开采资源只有 0.9 太瓦，风能实际可开发资源 2 至 4 太瓦，生物质能 3 太瓦，海洋能不到 2 太瓦，地热能大约 12 太瓦，太阳能潜在资源 120 000 太瓦，实际可开采资源高达 600 太瓦。

使用太阳能的时候非常安全可靠，发电规律性很强、可预测（调度比风力发电容易）。而且，生产资料丰富（地壳中硅元素含量位列第二）、建设地域广（荒漠、建筑物等）、规模大小皆宜。使用寿命一般在 20 至 50 年，节省了维护的时间与费用，并且无须人员值守。

太阳能的使用，没有燃料的消耗、零排放、无噪声、无污染、能量回收期一般在 0.8 年至 3 年。

二、光伏产业的缺点

光伏产业是太阳能利用的一部分。太阳能的能量密度比较低，也影响到光伏产业的发展。我们已经了解到，太阳能资源虽然具有上述几方面传统能源无法比拟的优点，但作为能源利用时，也有以下缺点。

首先，尽管到达地球表面的太阳辐射的总量很大，但是能流

密度很低。平均说来，北回归线附近，夏季在天气较为晴朗的情况下，正午时太阳辐射的辐照度最大，在垂直于太阳光方向1平方米面积上接收到的太阳能平均有1000瓦左右。若按全年日夜平均，则只有200瓦左右。而在冬季大致只有一半，阴天一般只有1/5左右，这样的能流密度是很低的。因此，在利用太阳能时，想要得到一定的转换功率，往往需要面积相当大的一套收集和转换设备，造价较高。

其次，由于受到昼夜、季节、地理纬度和海拔高度等自然条件的限制以及晴、阴、云、雨等随机因素的影响，所以，到达某一地面的太阳辐照度既是间断的又是极不稳定的，这给太阳能的大规模应用增加了难度。为了使太阳能成为连续、稳定的能源，从而最终成为能够与传统能源相竞争的替代能源，就必须很好地解决蓄能问题，即把晴朗白天的太阳辐射能尽量贮存起来以供夜间或阴雨天使用，但目前蓄能也是太阳能利用中较为薄弱的环节之一。

最后，目前太阳能利用的发展水平，有些方面在理论上是可行的，技术上也是成熟的。但有的太阳能利用装置，因为成本较高，效率偏低，总的来说，经济性还不能与传统能源相竞争。在今后相当一段时期内，太阳能利用的进一步发展，主要受到经济性的制约。

当然，尽管存在这些不足，和传统能源相比，光伏发电仍然是替代传统能源较为理想的途径之一。

三、传统能源不可再生，污染严重

传统能源也称为化石能源，在现阶段科学技术水平条件下，人们已经广泛使用技术上比较成熟的能源，如煤炭、石油、天然气等。它们为社会建设做出巨大贡献，产生巨大经济效益的同时，也对环境质量造成恶劣影响。与此同时，传统能源属于不可再生能源，将来会面临消耗殆尽的命运。防患于未然，人们应该开发新能源。

首先，传统能源大多属于不可再生能源，虽然煤的储量是所有矿物中最丰富的，但是，也不能保证能源的长久可用。还有石油和天然气等，由于其是不可再生的，这些能源总有消耗完的一天。

其次，传统能源在利用时，大多是通过燃烧利用能量。然而，在燃烧的过程中，产生各种不同的气体、烟尘微粒，污染空气和水源，特别是排放温室气体。大量长期依赖传统能源使全球气候变暖，对人类的生活环境影响较大。就对每个人来说，受到污染的空气对其身体，特别是呼吸道方面影响较大。

一般认为，温室效应是由于大气里温室气体（二氧化碳、甲烷等）含量增大而形成的。石油和煤炭燃烧时产生二氧化碳。煤炭中含有一定量的硫，燃烧时产生二氧化硫等物质。另外，大气中酸性污染物质，如二氧化碳、二氧化硫等，在降水过程中溶入雨水，使其成为酸雨。而光化学烟雾是氮氧化合物和碳氢化合物在大气中受到阳光中强烈的紫外线照射后产生的二次污染物质——光化学烟雾，会对环境造成影响。

还有，传统能源燃烧时产生的浮尘也是一种污染。

总而言之，传统能源的大量消耗所带来的环境污染既损害人体健康，又影响动植物的生长、破坏经济资源、损坏建筑物及文物古迹，严重时可改变大气的性质，使生态受到破坏。

四、光伏产业发展迅速

传统能源的不可再生性和在开采使用过程中会产生严重的环境问题，这一特点决定了传统能源是不能够持续利用的。尽管太阳能光伏发电能量比较分散，不稳定，成本也比较高。但是，作为可再生可持续利用的清洁能源，太阳能光伏发电在能源危机和环境危机的背景下，正在发展得越来越完善。

美国是最早制定光伏发电的发展规划的国家，并提出“百万屋顶计划”。日本也不落后，也积极启动了“新阳光计划”。近些年，日本光伏组件生产占世界的50%，世界前十大厂商有4家在日本。而德国新可再生能源法规定了光伏发电上网电价，大大推动了光伏市场和产业发展，使德国成为继日本之后世界光伏发电发展最快的国家。

瑞士、法国、意大利、西班牙、芬兰等国，也纷纷制订光伏发展计划，并投巨资进行技术开发和加速工业化进程。

中国光伏发电产业于20世纪70年代起步，90年代中期进入稳步发展时期。太阳能电池及组件产量逐年稳步增加。经过30多年的努力，已迎来了快速发展的新阶段。在“光明工程”先导项目和“送电到乡”工程等国家项目及世界光伏市场的有力拉动下，我国光伏发电产业迅猛发展。

近几年，全国光伏系统的累计装机容量已超过 10 万千瓦（100 兆瓦），从事太阳能电池生产的企业达到 50 余家。太阳能电池生产能力可达到 290 万千瓦（2900 兆瓦），太阳能电池年产量达到 118.8 万千瓦（1188 兆瓦），超过日本和欧洲。

可喜的是，我国已初步建立起从原材料生产到光伏系统建设等多个环节组成的完整产业链，特别是多晶硅材料生产取得了重大进展，突破了年产千吨的大关。从而，冲破了太阳能电池原材料生产的瓶颈制约，为我国光伏发电的规模化发展奠定了基础。

太阳能光伏发电在不远的将来会占据世界能源消费的重要席位，不但要替代部分传统能源，而且将成为世界能源供应的主体。预计到 2030 年，可再生能源在总能源结构中将占到 300%以上，太阳能光伏发电在世界总电力供应中的占比也将达到 10%以上。

预计到 2040 年，可再生能源将占人类总能耗的 50%以上，太阳能光伏发电将占总电力的 20%以上。到 21 世纪末，可再生能源在能源结构中甚至将占到 80%，太阳能发电将占到 60%以上。这些数字足以显示出太阳能光伏产业的发展前景及其在能源领域越来越重要的战略地位。

太阳能光伏发电产业取得的成就是与各种降低光伏发电成本技术密不可分的。几十年来，人们围绕降低光伏发电的成本进行各种研究开发工作，也取得了一定的成就，具体表现为以下几点。

第一，电池效率不断提高，这是最重要的。目前，单晶硅太阳能电池的实验室效率已经提高至 24.7%，多晶硅电池的实验室效率也达到了 20.3%，非晶硅薄膜电池实验室效率达到了 13%。其他新型电池，如多晶硅薄膜电池、染料敏化电池、有机电池等不断取得进展。先进技术不断推动产业的发展，使商业化的太阳

能电池技术不断得到提升。目前市场上商业化电池份额为晶体硅电池占 90%以上，非晶硅电池占 9%，其他类型电池占 1%。商业化晶体硅电池的效率达到 14%至 20%（其中单晶硅电池为 16%至 20%，多晶硅电池为 14%至 16%）。

第二，硅片厚度持续降低。30 多年来，太阳能电池硅片厚度从 20 世纪 70 年代的 450 微米至 500 微米降低到目前的 180 微米至 240 微米。硅片厚度降低，减少了硅材料消耗，是光伏发电技术进步的重要方面。

第三，生产规模不断扩大。太阳能电池单厂生产规模已经从 20 世纪 90 年代的最大 5 兆瓦至 30 兆瓦/年增长到现在的最大 50 兆瓦至 500 兆瓦/年。生产工艺不断简化，自动化程度不断提高，出现了多家年产量超过 100 兆瓦的大型企业。

第四，光伏组件成本大幅度降低。近十年来，世界晶体硅光伏组件的生产成本降低了 32%以上，达到 3 美元/瓦左右。虽然近些年以来因材料紧缺生产成本有所回升，但这种趋势仍在继续发展。

经过多年积累，我国通过一系列的科技攻关和产业发展计划安排支持了一批提高现有装备生产能力的项目，大幅度提高了光伏发电技术和产业的水平，尤其是在产业链的后段如电池封装、系统集成、并网发电技术等方面与国外的差距进一步缩小。目前我国商业化的光伏组件效率达 14%至 15%，一般商业化电池效率达 10%至 13%，太阳能光伏电池生产成本已大幅下降。

这些都能表明，发展光伏产业才是我们应对能源危机的自救之道。这种自救之道，也证明了光伏产业作为新兴能源行业顽强的生命力。

第三节 光伏产业，大有前途

光伏产业涵括了很多方面，带动了很多产业的发展，最为主要的应用是光伏发电。但是，发展光伏产业不是一朝一夕之功。从目前来看，光伏产业还是“正在学走路的小娃娃”，远没有到独立自主那一步。但是，光伏产业是新兴产业，国内外都看到光伏产业大有前途，所以人们都愿意用各种方法悉心扶植光伏产业。

作为新兴产业，光伏产业颇受人们的重视，现如今，人们研制出或者正在研制的太阳能电池已经有很多种，包括硅太阳能电池、多晶体薄膜电池、有机聚合物电池、纳米晶电池、有机薄膜电池、染料敏化电池和塑料电池等。还建造了很多大规模的太阳能电站，满足了一部分能源利用。

以我国的光伏产业为例，经过最近几年发展，我国的光伏产业已经跃升至全球最大光伏产业制造基地，产能占到全球的一半以上。然而，由于光伏产业严重依赖国外市场，出口比例甚至高达 90%，原材料也有一半来自国外，给整个行业的健康发展带来了不安定因素。因此，开发光伏产业的国内应用市场或许是解决问题的途径。

以这些年的情况来看，我国光伏产业基本上呈现出高速发展

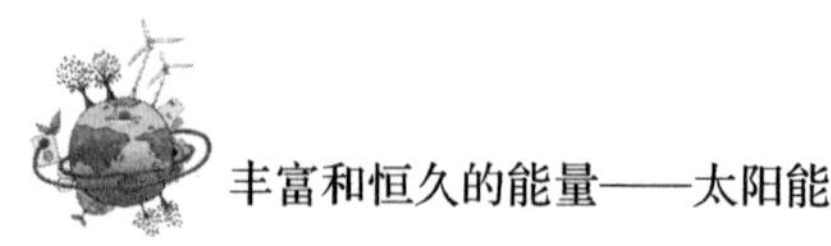

的态势，平均每年以30%的速度递增。进入21世纪以后，国内太阳能电池年产量就从139兆瓦增至近4000兆瓦。

工业和信息化部相关人士说："中国已成为全球最大的光伏产业制造基地，全球最大的15家太阳能电池生产企业中，就有10家来自中国。"

目前国内光伏产业发展已经呈现出三个特点。

第一，在引进国外先进技术基础之上，积极走自主创新之路，充分利用国外市场要素，将产业发展融入国际化的市场大潮中。

多晶硅材料和制造设备，我国曾经完全依赖进口。但是，我国光伏产业通过引进国际技术与人才，逐步形成了较为完整的产业链，制造设备的国产化率已经超过50%，在太阳能电池的质量和技术水平上走到了世界前列。

与此同时，日益成熟的国内光伏产业充分运用国外资金和人才两大市场要素，拓展海外市场，部分企业还在海外设厂，为产业的国际化运作奠定了基础。

第二，加快行业整合，形成协同发展产业链，从而实现产业规模不断扩大与生产成本的不断降低。

我国的光伏企业牢牢抓住西方国家发展绿色能源，以及产业成长期门槛较低的历史机遇，迅速突破材料、市场以及人才发展的瓶颈，短短几年时间，就打通了全产业链，形成了从高纯硅原材料、铸锭、切片、电池封装和系统集成等完整的产业链，并且产业规模迅速壮大，产业链的整体成本也大大降低。国产太阳能电池成本的下降，也使得我国的太阳能产品在国际竞争中的优势更加明显。

第三，产业发展呈现区域化、集群化，临近企业之间形成了产业链的互补和经济合作，产业竞争力得到了整体性的提高。

现阶段作为全球光伏产品的主要生产国，我国生产的光伏产品有90%以上都会出口到欧美国家。但是，尽管产品总量占据了国际市场的半壁江山，但光伏产业在国内的发展前景并不乐观，尤其在原材料生产与应用方面，仍然处于相对滞后状态。主要表现在以下两个方面。

一方面，国内光伏产品有90%出口，而多晶硅等重要原材料却有超过50%要依赖进口。另一方面，国内光伏发电的总装机量仅有全球装机总量的1%，与国内光伏产业的强大产能差距甚远。

产品严重依赖出口，这样下去，只能使得产业发展过度依赖海外市场。海外市场的任何变动都将直接影响到整个产业链的发展。同时，以国外需要为导向的产品生产，将会使其与国内的市场需求脱节。

如果，原材料受制于人。就会给整个产业的发展带来不稳定因素。以高纯多晶硅为例，高纯多晶硅的原料长期受美国、德国、日本公司垄断，购买价格受到对方制约，每年赚取的利润高达3到4倍。

实际上，我国市场并非不需要光伏能源。我国的荒漠面积在108万平方千米左右，如果按1平方千米面积可安装100兆瓦光伏阵列计算，荒漠地区每年可发电1.5亿度。但是现在高昂的价格，限制了光伏产品在我国的应用。不过，如果能够将成本降下来，光伏发电技术的大规模使用将缓解我国日趋紧张的能源供给，成为中国未来经济可持续发展的动力支柱。

目前光伏产业需要国家从政策上进行扶持，之所以如此，是光伏产业还不够成熟，没有独立发展的能力。从这方面也可以看出，国家对于光伏产业非常重视，这也间接说明了光伏产业良好利用性能得到认可。它预示了光伏产业大有前途。

从全世界范围来讲，光伏发电的应用前景十分广泛，无论是屋顶电站、大型太阳能电站，还是在人类生活中应用都将十分普及，涉及的动力系统都有可能与太阳能结合起来。

传统能源的不可再生相比，全世界太阳能资源丰富。随着技术的发展，太阳能技术和人才层出不穷，因此，太阳能光伏发电技术升级换代非常快，光伏电池的发电效率也越来越高，成本越来越低。

同时，智能电网和储能技术也将进一步提升太阳能的应用，发展空间非常大，又不受资源约束和资源价格影响。如果将太阳能的发电成本真正降下来，形成稳定的有竞争力的电价，就能长期保持固定收益。

全世界气候变化也是光伏产业发展的一个契机。由于光伏发电是一次性投入，目前有数据显示太阳能电站的商业生命周期为25年，前3到5年为太阳能电站的制造成本，太阳能电站所产生的二氧化碳远远低于同等规模的化石电站，因此，发展光伏产业也是达成全球温室气体减排目标的一个途径。

第四节　光伏电站

随着人们对光伏技术的重视和应用，人们根据不同的情况，在不同的地点建造了一些太阳能电站，也有一些是太阳能热发电站。但是，通常说的太阳能发电指的是太阳能光伏发电。本文主要讲述的也是太阳能的光伏发电，所以为了叙述方便，将太阳能电站称为光伏电站。

一、国内外的光伏电站

多年来，额尔克哈什哈苏木位于腾格里沙漠腹地，公共电网不能到达，当地牧民家庭只能依靠发电机供电。这不仅不能长期稳定的供电，而且大功率电器更是无法使用，人们的日常生活和生产也由于电力资源的缺乏受到很多限制。

2013 年 6 月 28 日，阿左旗额尔克哈什哈苏木离网光伏发电示范项目投入使用。至此，内蒙古公共电网无法覆盖的苏木，通过离网光伏电站解决了居民们的用电问题。

苏木离网光伏发电示范项目是在沙漠腹地建成的全国最大的离网电站。它采用的是国内较为先进的设备，蓄电池等组件甚至可以抵抗12级以上的强风。

离网型太阳能光伏发电项目的建成，一是解决了部分牧民的用电问题，极大地提高了牧民的生活质量。二是也为驻地机关单位的正常工作和苏木经济社会发展提供了电力保障。

南昌市厚田沙漠光伏示范电站也是一座具有国内领先水平的光伏示范电站，该电站年发电量可达500万千瓦时以上，是具有典型示范意义的南方荒漠地区低日照条件光伏电站，也是国内最大的薄膜光伏电站之一。

我国西藏地区是世界上太阳能资源最丰富的地区之一，据估算，西藏地区每年的太阳辐射总量折合约4500亿吨标准煤，是我国太阳能最丰富的省份，因而西藏积极开发太阳能资源存在着天然优势。西藏丰富的太阳能资源，也为发展光伏发电产业创造了良好条件，能源优势也会转变成一定的经济优势。

近年，西藏地区也开始对建设光伏电站日益重视。比如，西藏山南地区桑日县太阳能光伏基地，规划建设15万千瓦至20万千瓦的太阳能装机，项目静态投资预算约为50亿元。

“十二五”期间，随着西藏藏木水电站、旁多水利枢纽、多布水电站等具有一定光伏发电配套调峰作用的大中型水电站的建成投运，以及西藏第二产业特别是矿业对电力需求的增加，为西藏发展大型并网光伏电站提供了较大的发展空间。

国外的太阳能光伏电站发展得比较早。早在1984年12月，美国就在莫赫夫沙漠地区建成了第一个大型的光伏电站，发电功率可达13 800千瓦，收集阳光的抛物面型聚光器的面积达71 700平方米。到1988年12月止，在这片距离洛杉矶市225千米远的沙漠，美国共建成了7套太阳能发电系统，总发电功率达20万千瓦。

1990 年，在洛杉矶东北方向的莫哈韦沙漠里，美国的卢兹工程公司又建造了一座更大的光伏电站。发电成本降到了每千瓦小时 8 至 9 美分。这座光伏电站有 852 个太阳能收集器，并在上面安装了 19 万片反射镜，收集太阳的能量进行发电。

近年来，美国还利用自己的先进技术将太阳能电站的建设推广到了其他地区。比如，美国大型太阳能电池板制造商第一太阳能计划在智利沙漠建设南美最大的光伏电站，电站的功率达到了 141 兆瓦。因为阿塔卡马沙漠是地球上日照最为丰富的地区，据称具备光伏发电所需的理想条件。

据悉，这是美国的第一太阳能在智利开发的第一个光伏电站项目。建成后所发的电量将并入电网。德国的太阳能发电也发展得比较早。到 1987 年，德国已有 10 个光伏电站投入使用，发电 13 万千瓦时。

1990 年的时候，德国又建造了一座光伏电站，它可以日夜运转。白天的时候，光伏电站发出的电能被用来制取氢气，将这些氢气用储氢材料贮存起来。日落之后，人们就可以利用储氢材料释放的氢气作为燃料进行发电。

二、一举多得的荒漠电站

一提起撒哈拉沙漠，我们可能会联想到它不过是一片广阔无垠的寸草不生的荒漠。但是，撒哈拉地区日照强烈且昼间时段极长，因此若能克服各种困难，在过度干热、不适合人居住的环境中建设光伏电站，面积广阔的撒哈拉沙漠就可一跃成为供应人类巨大电力的能源宝库。有人计算过，即使只要将 0.3%的撒哈拉沙漠开发建设光伏电站，就能满足全欧洲电能需求。

专业人士称，撒哈拉沙漠的太阳能如果可以有效利用，不但能成为清洁能源，还能替代核能，成为安全的能源。为世界免去核能带来的潜在威胁。

我们知道，撒哈拉沙漠是世界上面积最大的沙漠，纬度低，而且沙漠地区常年晴天，阴天的概率很小，因此，在沙漠地区建造光伏电站，可以有更高的效率。而且更重要的是，沙漠地区的土地成本几乎可以忽略不计。撒哈拉沙漠是世界上太阳能最为丰富的地区，在这个高温干燥的地区建造光伏电站是人类一个极其绝妙的设计。

事实上，早在 1913 年夏天，美国工程师弗兰克·舒曼就意识到利用太阳能可以大大减少对煤矿的依赖。

舒曼在次年写给《科学美国人》杂志的信中写道：“人类最终必须直接利用太阳能，否则只能回归原始社会。”但几个月后，第一次世界大战突然爆发，打断了舒曼利用太阳能的梦想。

第一个计算满足人类用电需要多少太阳能的科学家是德国粒子物理学家格哈德·柯尼斯。他通过计算得出结论：全球沙漠地区在 6 个小时内吸收的太阳能比人类一年需要的能量还多，如果将这些太阳能中的一小部分进行利用，甚至可以满足整个欧洲的能源需求。这是一个令人吃惊的结论。

目前，阿尔及利亚和日本大学正在联合进行撒哈拉沙漠太阳能项目的相关研究，他们计划把这个面积最大的沙漠转变成光伏电站的聚集地，他们期望到 2050 年，撒哈拉沙漠生产的电能可以满足世界上 50%的电力需求。

但是，这个项目需要大量的太阳能电池板。日本科研组领导者认为，虽然以前从没人把沙漠里的沙子作为高纯度硅的来源，但它显然是这方面的不二之选，利用它一定会生产出纯度很高的硅。

所以，在开始阶段，人们计划在撒哈拉沙漠先建一座硅材料的生产企业，以便于就地取材，将沙子里的硅加工成纯度很高的硅，作为太阳能电池板的生产原料。这样，建造光伏电站的大量的电池板就不必依赖外界，而且，原料来源得到了充分的保证。初期光伏电站产生的电流可供人们生产更多的硅，这样就能制造更多太阳能电池板，从而发出更多的电。

太阳能光伏电站的技术已经成熟，但是在广阔的沙漠地区建造光伏电站还要注意一些不利情况。

撒哈拉沙漠平均每年只有一次沙尘暴，但是每次风速超过每秒 12 米，这就要求光伏电站必须根据风向灵活调整槽式太阳能集热管，以免它们像帆一样兜风，受到更大的破坏。同时，保持集热管清洁也是个难题。撒哈拉沙漠地区的灰尘很多，蒙上灰尘之后，集热管的效率会降低，所以，每天都必须清理集热管。光是这一项，每天所需的纯净水就得要 3.9 万升。这就提出了另一个问题：当地有没有足够的水来清理设备。很明显，这个问题在沙漠地区是不好解决的。

一些企业决定使用“干洗”技术，但这样一来，发电厂的效率却降低了。而且，不管使用什么方法清洗，发电设备需要冷却。和清洗一样，水是最便宜最简单的冷却方法。在“干冷”技术得到发展之前，发电厂只能建造在水源附近。

这个项目的理念同一个名为“撒哈拉森林”的项目的设计理念有异曲同工之妙。“撒哈拉森林”项目计划在撒哈拉沙漠海拔比较低的沿海区抽取海水，然后通过折射将阳光聚焦到装满水的锅炉上产生蒸汽，再用蒸汽推动蒸汽动力涡轮进行发电。然后，

通过蒸馏作用，海水变成了淡水，可以用于灌溉周边地区。这样，既可以产生足够的电能，又能够将多余的淡水用来灌溉，沙漠就能重新变成郁郁葱葱的良田。

第五节　光伏产业战：几家欢乐几家愁

虽然，光伏产业都有着各国的大力支持，使得光伏产业得以维持发展。虽然，光伏发电成本快速下降，新兴光伏市场快速崛起还呈现一个渐进的趋势。

但是，光伏市场并不平静，国内供需严重失衡，国外也有欧美国家“反倾销、反补贴”等威胁。正所谓，前有猛虎，后有追兵，光伏产业战，几家欢乐几家愁。

一、各国光伏产业的政策扶持

目前，国内光伏产业的众多业内人士均认为，光伏产业“前途是光明的，道路是曲折的，只要熬过此严冬，未来一片美好”，因此寒冬期的竞争将会更加激烈和非理性。

虽然，我国光伏产业规模仍将保持稳步增长，产业对外依赖度逐步下降，但由于市场供需失衡严重，外加美国“双反”调查重压，行业竞争将愈加残酷与非理性，产业整合迫在眉睫，企业开始进入薄利时代，企业面临严峻挑战。

随着能源日益枯竭，环境污染越来越严重，全世界各国对于光伏产业的发展给予了大力支持。我国在税收、土地、电费等方面给予了相当大的支持，各级政府也为新能源产业的发展在土地、税收和信贷方面给予了诱人的优惠。

随着国家1.15元/度的上网电价政策出台，《可再生能源发展“十二五”规划》、《太阳能光伏产业发展“十二五”规划》和《太阳能发电“十二五”规划》等颁布实施；随着国家光伏上网电价的落实和太阳能光伏产业发展“十二五”规划相继颁布实施，我国光伏产业规模逐步增大，国际化程度愈加增强，但产业发展也面临着供需严重失衡、企业利润空间不断受挤压、行业竞争日益激烈、美国“双反”贸易调查、行业整合不可避免等不利局面。

我国太阳能电池继续保持产量和性价比优势，国际竞争力愈益增强。产量持续增大，事实证明，近几年，我国太阳能电池产量超过40吉瓦，同比增长50%以上，仍将占据全球半壁江山。

生产成本将进一步下降，多晶硅、硅片、电池片和组件环节加工成本分别有望降至19美元/千克、0.18美元/瓦、0.18美元/瓦和0.25美元/瓦，届时垂直一体化企业的组件成本将达到0.73美元/瓦，同比将下降27%。

产品质量愈加稳定，多数企业产品质保将达到10年，功率线性质保将达到25年。国际化程度进一步增强，受国内市场消费能力有限和国外贸易壁垒影响，我国光伏企业将加快国际化进程，通过在海外建厂或并购方式，加快在海外的本土化发展，以增强企业竞争力和国际化水平，成长为国际大型企业。

受欧美债务危机和欧洲光伏补贴持续下调影响，近几年，全球光伏市场仍将保持增长，但增速放缓。值得关注的是，国内光伏市场将会加速兴起。

近些年，国家通过政策扶持，为光伏产业的发展创造了良好的条件，我国光伏产业能够保持较高的发展态势，主要原因有三。

一是，当前我国光伏产业产能增长过快且产品主要依赖出口，急需加速启动国内市场以缓解对外依赖度过高的问题。

二是，启动国内市场也是应对美国启动的“双反”调查的有力回击。

三是，国家出台新政策，规定上网电价，且国内装机成本大幅下降，加上光伏市场竞争激烈，组件企业纷纷向下游的光伏系统集成延伸。

最近几年，我国光伏装机量虽然迅速增多，但即使如此，我国仍然有近90%的光伏产品需要出口到国外市场。这也预示着光伏产业虽然作为新兴产业，未来市场将会呈现指数增长。但短期内，产业仍将承受较大的供给过剩的压力。

根据欧洲光伏工业协会对2011至2015年的市场需求量预测数据，光伏市场需求在30吉瓦左右，因此仅当前我国的产能已可满足未来2到3年全球光伏市场需求，光伏市场的增长速度远不能跟上产能扩张的步伐。

不可否认的是，由于光伏市场仍将承受价格和整合压力，一批不具备竞争力或贸然进入光伏领域的光伏企业将在激烈的竞争中被整合或淘汰，市场上的优胜劣汰，几家欢乐几家愁。

值得关注的是，在供需失衡加剧情况下，我国在海外上市光伏企业股价可能持续下跌，极有可能被国外资本乘虚而入。利用产业整合和贸易战等时机，掌控我国优势企业主导权，甚至使我国光伏产业日益空心化。

光伏产业特别是上游多晶硅环节发展时间短，在发展初期由于技术尚未完全掌握，部分企业存在能耗高、副产物得不到充分利用等问题。为了得到清洁能源，而对环境造成严重污染，显然是得不偿失的。所以，光伏企业发展的同时，目光更应该放在光伏产品生产工艺的绿色环保上。

关于光伏产业的污染和能耗问题，经计算，多晶硅电池（从硅沙直到光伏电站系统）能量回收期为 1.59 年，薄膜电池能量回收期为 0.78 年。

国内生产的太阳能组件的使用寿命为 25 年，以此推算，生产出的太阳能组件在实现生产能耗回收后，几乎不用再消耗电量，即可发电约 23 年，并且没有任何污染物排放。从光伏最终成品来看，在短时间内就能实现能源的回收，随后输出源源不断的绿色能源。

客观地讲，从整个太阳能产业链来看，太阳能是没有污染、低耗能的。只是上游生产环节是有污染和非低碳的，但是可控的。随着多晶硅技术进步，低能耗还原、冷氢化、高效提纯等关键技术环节进一步提高，副产物综合利用率进一步增强。

光伏产业中的补贴问题，从世界范围来看，在没有实现平价上网之前，光伏都是政策市场。补贴是世界各国政府的对待光伏产业的通行做法。

德国是世界第一个实行 FIT（光伏上网电价法）的国家，据 WTO（世界贸易组织）公布的“欧盟产业补贴报告”透露，德国政府通过了 HDTP（太阳能屋顶计划）向德国太阳能光伏制造商提供了 5.1 亿欧元补助，德国在光伏发电电价上的补贴就超过 118 亿欧元，这些支持政策的颁布使德国迅速成为太阳能能源利用的全球领先者。

美国也不甘落后，积极实行经济刺激法案，每年对可再生能源的资金支持额度高达160亿美元。而我国每年对可再生能源的补贴平均不超过150亿元人民币，而其中70%用于风电建设，力度远远低于欧美。

二、光伏产业需要技术创新

新能源产业链已经形成全球纵向分散的趋势，由于欧盟是太阳能产品的消费大国，因而培育了市场，政府也对消费行为进行补贴。欧盟对新能源发电的补贴是这样的：每产出1度电，如果成本是1欧元，政府将额外补贴0.2欧元。

对于中国的光伏市场的占有，欧美的心态显然很不平衡，原因就是，过去全球出现一个创新型产业，可能欧盟或者美国将会对全产业链集中占有，这样，他们就会享有更大的创新收益。而令美国和欧盟意料不到的是，中国目前也从全球新能源产业链中，通过产业政策及地方政府的扶持分到了一杯羹，尽管属于光伏产业链中比较低端的部分，但是总归是享受到了一些利益，使得欧美不能像过去那样将整个产业的利益据为已有。

从大的方面来讲，大力发展太阳能光伏等可再生能源有利于解决全人类面临的能源安全和气候变化等严峻问题，符合各国人民的共同利益。各国不应出于短期利益，采取贸易保护主义措施。应当着眼长远，加强产业合作，开放国际贸易，更广泛地促进清洁能源的利用。

光伏产业的链条大致可划分为上游，包括硅料和硅片；中游，包括太阳能电池片和电池组件；下游，包括光伏电站等三个部分，涉及多晶硅材料、拉单晶、电池片、封装、系统集成、光伏应用产品和专用设备制造等多种产品及多项技术。光伏产业的利益链条在全球的分布极不平衡。

具体来说，美国的研发做得比较好，但是太阳能发电设备的使用率并不是很高，欧盟则更加侧重于生产太阳能相关的机械。与欧美相比较，我国的光伏企业多集中在产业中下游，主要承接太阳能电池及组装等方面。因此，尽管我国的光伏产业发展速度较快，但是，由于美国等一些大国垄断了关键技术，目前企业仍需花高价进口大量核心的原材料和生产设备。这就使得我国的光伏企业在竞争中处于被动地位。

为了在光伏产业链中占据更加主动的位置，美国和欧盟还对我国生产的光伏产品征收高额的反倾销税，使得我国的光伏企业遭受严重的损失。

简而言之，我国的光伏产业发展由于缺乏产业链中初始环节的技术和下游的市场普及，这就导致我国光伏产业的发展受到“两头在外”的双重制约。在这种生长环境下，我国在世界光伏产业的格局中一度成为“世界工厂”。

抢占光伏产业制高点，摆脱“世界工厂”的帽子，中国的光伏产业还有一段路要走。我国在光伏产业进程中存在高耗能、高耗电的问题，但产业发展的最大瓶颈仍然是技术问题。

就目前的形势而言，除新光硅业等少量企业具有自主产权的技术外，大部分多晶硅提炼技术都是从国外尤其是俄罗斯引进的，普遍应用的仍然是改良西门子法，我国多晶硅提炼的技术仍然落后于美国、德国、日本等国家，多晶硅提炼技术在相当长一段时期内仍然是制约我国光伏产业发展的瓶颈。

我国的光伏产业需要有自主技术，专业人才缺乏急需政府扶植，抓住龙头企业，组建各类研发中心，在各大高校、科研单位培养太阳能行业的专门人才，缩小太阳能企业人才缺口，才有可能提升我国光伏产业在世界上的竞争力。

非晶硅薄膜太阳能电池在成本和能耗等方面具有极大的优势，与晶硅太阳能电池相比，非晶硅薄膜太阳能电池成本消耗大约是 1/10，硅原料消耗就更少，在转换效率上已经从 6%提高到现在的 10%左右，但与晶硅太阳能电池 17%以上的转换率相比显得相形见绌。

因此，在大规模建筑一体化推广上仍然有一定的差距，如何提高非晶硅薄膜太阳能电池的转换率和寿命，应加大研发力度。

三、除了“外患”，还有“内忧”

事实上，光伏产业在我国遭遇的困境，不仅仅是有各种反倾销的“外患”，也有来自国内环境重视不足的“内忧”。当前中国光伏产业融资市场的主要问题是：国家对光伏产业的日益重视与金融支持严重脱节，极具国际竞争力的光伏产业地位与金融的市场化运作不相匹配，光伏产业作为一种新的经济形式与传统金融手段单一不相适应。一面是平稳增长的市场需求和难得的并购机遇，一面是资金融通市场的日趋狭小，中国有竞争力的光伏产业与融资市场正处于这样的矛盾中。

股权融资基本停止，具体表现在以下几个方面。

其一，由于光伏组件产能严重供大于求，近几年监管机构停止了该类企业的 IPO（首次公开募股）融资。而单晶硅生产企业隆基股份公司实现 IPO 融资后，再无光伏企业上市。

其二，由于光伏企业业绩大幅下滑，这也造成了近几年国内

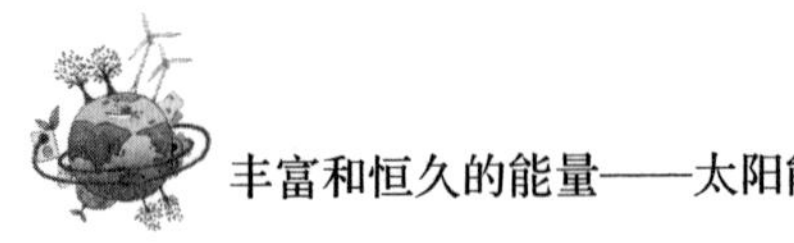

上市光伏企业难有再融资条件。

其三，从风险投资角度看，连续数年保持全球吸引新能源投资首位的中国和原来第二位的美国进行了互换，其中，美国的融资数额为280亿美元，中国的融资数额为250亿美元。受产业不景气影响，在美国上市的11家光伏企业，从市值最高320亿美元跌至最低时的20多亿美元，缩水十几倍。不少企业面临退市风险。

社会生活和经济的快速发展，既决定了能源规模化的持续增加，也决定了金融服务规模化的持续增加，因而能源被称为“准金融”产业。

从统计结果看，能源行业的产值占我国GDP总量的30%。从2013年财富世界500强前10名企业看，能源企业数量占有7名。光伏产业同样属于能源行业，金融之于光伏意义重大，特别是光伏终端建设市场，没有相关的资金支持，是难以正常启动和发展的。

补贴力度的大小只能决定产业初始规模，如早期高速发展的德国和正在到来的中国、日本光伏终端市场建设。只有金融市场的完善，才是决定光伏产业长远商业化发展的最重要的因素，如当前的美国光伏产业。各国光伏产业环境分析结果显示：美国的补贴政策力度远不如德国、中国和日本，但金融的多样化服务远超德国、中国和日本，由此可见，正是成熟的金融环境，使得美国的光伏终端市场建设稳健崛起，领先世界。

光伏产业战，就是一场没有硝烟的战争。世界上很多国家对于光伏产业相当重视，我们要省视自身的不足。我们还要继续努力，发现问题，解决问题，才能迎来光伏产业的艳阳天。

第六节 中国光伏产业

中国光伏产业在短短12年内，具有了强大的国际竞争力。在全球市场中，产业占有率超过50%，并且拥有自主品牌。

但是，中国光伏产业还有很多不足的地方，我们要正视不足，发现问题，解决问题，让光伏产业更好地服务生活。

一、光伏产业成长需要政策合理引导

光伏是新能源中最有可能在民间普及的能源方式，其应用灵活性、产业链广度和就业覆盖力，是其他形式的新能源无法比拟的。纵观各种能源形式：化石能源资源有限，不可再生，排放温室气体；水电、风电受制于地理和季节，还有连带的不可避免的生态环境影响。

核电有核泄漏和核污染的危险。毫无疑问，太阳能光伏发电是我们人类迄今发现的最理想的能源生产形式：可再生、无限量、无污染、触手可及。

科学家指出，太阳光线一个小时的照射所产生的能量足以支撑全球经济运行一整年。欧洲光伏工业协会预测，在所有适合的建筑物表面安装光伏系统能够产生1.5万亿瓦特的电能，能满足欧盟所需电力总数的40%。

国际能源机构曾经在太阳能光伏路线图中陈述，光伏发电是能商用的可靠技术，在世界几乎所有地区都具有长期增长的巨大潜力。事实上，最近几年以来，光伏发电占全球总电力的比例将不断上升。据预测，2020年达到1.3%，2030年升至4.6%。

我国曾经在电、发动机、计算机等科技革命上一次次落后于西方，可是，就是这一次，就在我们生活的时代，聪慧的中国人在能源革命上已经占得先机。我国牢牢掌控了70%的光伏产能和50%的全球市场，在2012年前十名组件制造商中，我国大陆占据7家。

光伏，这样一个利国利民的战略新能源行业，虽然也有很多曲折，但前景非常光明。目前制约国内光伏市场的瓶颈既有成本和技术，还有政策滞后。

政策滞后体现在：并网难、审批难、补贴难。只要三大障碍解除，国内光伏市场将立即打开，过剩产能至少吸纳一半。面对光伏危机，政府应该救光伏，是要救光伏行业，而不是只去救某个光伏企业。

光伏目前最需要的不是钱，不是地，而是政策和市场环境。政府通过规制引导，宏观协调，给新能源创造一个畅通、公平、开放、透明的市场竞争环境和电网平台就是拯救光伏产业。企业可以让市场去选择。

城市大面积的独栋、别墅、工业厂房、公共建筑，农村的平房、独院，是我国光伏市场尚未启动的蓝海。分布式屋顶系统发电量小，自发自用，不影响电网运行，市场大，恰是欧美鼓励的发展方向。只要政策到位，打通分布式并网的阻碍，国内产能立马就能被吸纳，供需关系恢复平衡。

二、国内光伏产业，欣欣向荣

尽管我国政府对于光伏产业的政策扶持不足，和其他国家相比，市场环境也不够好。但是，光伏产业的需求环境在国际社会上的发展，对我国的光伏产业是个良性刺激。在国际光伏发电市场的带动下，我国光伏电池制造产业快速发展，已经形成了从硅材料、器件、生产设备、应用系统等较为完整的产业链。光伏电池转换效率不断提高，制造能力迅速扩大。

国内光伏产业，无论是装备制造，还是配套的辅料制造，国产化进程都在加速。据不完全统计，近些年，国内已经有海外上市的光伏产品制造公司 16 家，国内上市的光伏产品制造公司 16 家，行业年产值超过 3000 多亿元，进出口额 220 亿美元，就业人数近百万人。

多晶硅产业技术与国际先进水平的差距在缩小。少数企业还实现了四氯化硅闭环工艺，使得综合能耗和生产成本大大降低，并彻底解决了四氯化硅的排放和污染环境的问题。截至 2011 年，已有 2 家多晶硅生产商的能耗与成本接近国外同行先进水平，多晶硅能耗水平达到每千克耗电 40 千瓦时，成本下降到每千克 20 美元以下。

经过长期发展，近几年我国光伏产品逐年增加，国内多晶硅年产量能接近 16 万吨，产量在 8 万吨左右，自给率虽然还不到 50%，但是完全依赖进口的局面有了很大的改观。

光伏设备制造业逐渐形成规模，为产业发展提供了强大的支撑。在晶体硅太阳能电池生产线的十几种主要设备中，8种以上国产设备已在国内生产线中占据主导地位。其中单晶炉、扩散炉、等离子刻蚀机、清洗制绒设备、组件层压机、太阳模拟仪等已达到或接近国际先进水平，性价比优势十分明显。

多晶硅铸锭炉、多线切割机等设备制造技术取得重大进步，打破了国外产品的垄断。有些设备开始出口，如扩散炉、层压机等。

我国已经掌握了产业链的各个环节中的关键技术，并在不断地创新和发展，如电池技术、多晶硅制造技术等，多晶硅电池的平均出厂效率达到16%。

现如今，我国有世界最大的光伏电池产能，最全的光伏产业链制造业，最多的公共、工业、居民用建筑屋顶，广阔充足的阳光辐照资源。当然，还有最高的能源消耗需求。

只要电网放开并网的闸门，国家简化审批手续，给予适当的度电补贴，则产业得救，民众得福，国家得利。

三、技术空白

当然，中国光伏产业在技术的发展上尚有很多不足的地方，在多晶硅料方面，我国已经基本掌握了西门子法，硅烷法还需进一步消化吸收，并在大规模合成、高效提纯、低电耗还原、四氯化硅氢化等关键技术环节取得了突破。

光伏行业会存在技术上的空白，但随着产业技术的成熟、市场规模的扩大，所有问题都将迎刃而解，光伏发电平价上网的一天即将到来。历史必将证明，谁都无法阻止光伏前进的车轮。中国在这场新的战略能源竞赛中，必须先拔头筹，当仁不让。

但是，在生产成本、产品质量等方面与国外还有一定差距，尤其是冷氢化工艺，需要进一步完成技术的消化吸收。冷氢化工艺能将多晶硅生产改造成为一条低能耗、高产量的完全闭合循环生产线，将剧毒废气四氯化硅转化为多晶硅原料三氯氢硅，实现闭环生产，做到废气系统内消化。冷氢化改造能把成本降低 20%。

在光伏电池用银浆方面，目前国内仍是空白，依赖于进口。银浆的性能是影响电池效率的重要因素，发展方向是满足高方块电阻发射极使用的低扩散速度银浆量，甚至是掺杂磷或硼的银浆料，以在烧结过程中同时实现局部重扩散。

EVA（乙烯—醋酸乙烯酯共聚物）树脂是电池主要的封装材料。目前国内虽然可以生产制造，但是性能、质量较国外还有一定差别，多数应用在较低端的市场。背板方面国内空白，依赖进口。EVA 及背板是影响组件寿命的关键材料，高透过率、抗紫外辐照的 EVA 和低水、气扩散的背板是主要发展方向，组件寿命应从目前的 25 年提至 30 年或更高。

具有产业化前景的新结构电池包括选择性发射极电池、异质结电池、背面主栅电池及 N 型电池等，这些电池结构采用不同的技术途径解决了光伏电池的栅线细化、选择性扩散、表面钝化等问题，可以将光伏电池产业化效率提升 1 到 2 个百分点。光伏电池制造新工艺还包括无触印刷、铜电极、表面钝化及离子注入等，为电池制造开拓了更多种技术路径。以上这些新技术，我国少数企业已经开始涉足，但和国外先进水平尚保持一段差距需要追赶。

设备投资是光伏电池生产线建设的初始投资中的主要部分，

是制约电池成本下降的主要因素之一。在整个光伏产业链上，中国在几种价值较高的关键设备还和国外存在很大差距。有的虽有国产化，但性能质量达不到要求。

除了光伏电池，国内尚有很多光伏技术的空白区。比如：还原炉、CVD（化学气相沉积）、PECVD（等离子体增强化学气相沉积法）设备、烧结炉和全自动丝印机、线切割机、自动分选机、自动插片机、自动焊接机、等离子注入机。提高这些高价值的关键设备的国产化程度是进一步降低我国电池制造成本的有效途径。

正是由于中国光伏产业的崛起，全球光伏产品成本在 10 年里获得了快速的下降，从原先的每瓦 6 美元，下降到现在每瓦 1 美元，平价上网的目标正在逼近现实。

在某些电价较高的地区，比如德国，在其居民光伏应用上已经率先实现了平价上网。中国光伏行业的迅猛发展，让世界光伏发电平价上网提前了至少 5 年，这就是中国光伏行业对世界新能源的巨大贡献。

在发展光伏产业中，多晶硅占有重要位置。想要充分了解我国的光伏产业，有必要了解一下多晶硅的发展历程。

四、多晶硅生产与光伏产业

2001 年国内只有 2 家厂商（峨嵋半导体材料厂和洛阳单晶硅厂）生产多晶硅，年产总计 80 吨，只占世界多晶硅产量的 0.6%。随后洛阳单晶硅厂停产，到 2003 仅剩峨嵋半导体材料厂一家生产多晶硅，产量 60 至 70 吨。

最近几年，峨嵋半导体材料厂已经成为全国最大的多晶硅和高纯金属生产供应商，也是目前国内少数几个能独立生产全系列半导体材料和太阳能级硅材料的生产厂家之一。

在国内外光伏市场需求的拉动下，中国多晶硅产业自2005年以来发展迅速。继洛阳中硅、四川新光硅业、徐州中能和峨嵋等新建和扩建后，许多实力雄厚的大中型企业看好多晶硅产业发展商机。

于是，很多企业纷纷投入到多晶硅产业中来，建立多晶硅生产线，形成了我国多晶硅产业发展热潮。仅在2009年时，我国有近50家公司正在建设、扩建和筹建以西门子改良法为技术路线的多晶硅生产线，总建设规模超过10×10^4吨，总投资超过1000亿元。其中，一期规模超过4×10^4吨，投资超过400亿元。

国家发改委根据拥有自主创新和关键技术程度对上述部分项目给予了支持。多晶硅原料的大规模国产化，是降低国产光伏产品成本最有效、最直接的途径，在国内产业高速发展的拉动下，中国多晶硅产业也呈现出一片蓬勃发展的趋势。

然而，我们还必须看到，中国多晶硅制造技术落后，产业基础薄弱，对大部分新建产业来说，技术和环境的风险很高——能否顺利实现尾气回收循环利用技术是关键，注重节能降耗和防止造成环境污染也是多晶硅材料制造环节中需要重视的问题。

四川新光硅业攻克尾气回收循环利用技术的范例以及市场对技术进步的强大推动力，使我们有理由坚信，在整个光伏产业的不断努力下，中国多晶硅产业必然会健康、快速发展。

与此同时，市场需求也激发起开发提纯硅新制备方法的热潮。中国科技界、学界和企业界不少专家和学者与企业结合，积极探索和开展提纯硅的新方法、新技术。

科技部和国家发改委从鼓励科技创新及拥有自主知识产权要求出发对部分项目给予了支持，然而新技术从研发到实现，到投入生产，再到规模化投放市场需要漫长的时间，不会对近期国内外光伏成本产生大的影响。

多晶硅的发展是光伏产业技术壮大的标志之一。它的发展预示着光伏产业的进步，也显示了新能源具有旺盛的生命力。在将来的生活中，相信我国的光伏产业能够更大、更强，为我们的生活提供更多动力。

第七节　发展光伏产业，大势所趋

传统能源的日渐衰竭，要求我们人类要居安思危，发展新能源。作为新能源之一的光伏产业，就应运而生。事实上，和前些年相比，近几年光伏产业的发展环境越来越好：政策扶持、技术进步，产品市场急剧增长，产业链不断完善成熟，成本快速下降。这些信息都预示着光伏产业得到了较快的发展。

一、光伏发电——未来能源的希望

据预测，2050 年，世界人口将增至 89 亿，届时的能源需求将是目前的 3 倍，而可再生能源要占 50%，2050 年可再生能源供应量将是现在全球能耗的 2 倍。中国能源界的权威人士预测，到 2050 年，中国能源消费中的煤只能提供总能耗的 30%到 50%，其余 50%到 70%将靠石油、天然气、水电、核电、生物质能、太阳能和其他可再生能源提供。

由于中国自己的油气资源、核电和水力资源都十分有限，因此利用可再生能源对中国的能源发展战略有举足轻重的关系。

新能源行业发展道路是曲折的，但从政策和产业自身来讲，

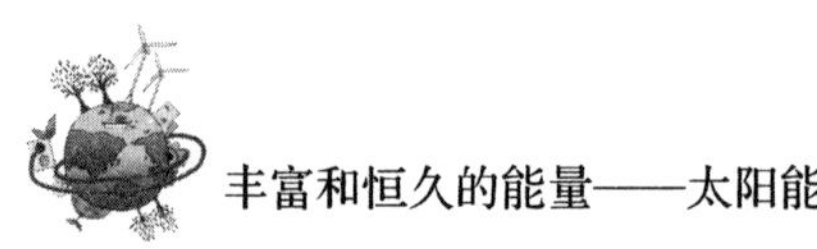

新能源并非没有转机。以政策方面来看，国家“十一五”和“十二五”发展计划中，都把发展新能源作为重要战略举措，多年来包括核能、风能、太阳能、生物质能利用及相关设备生产企业大量兴起并快速成长，这说明社会经济发展对新能源产业的需求在上升。

从产业层面上看，根据国家能源发展规划，到 2020 年中国电力装机总量将接近 20 亿千瓦，面对如此强大的能源需求，有一个问题摆在我们面前，这些需求如何解决？

如果把火电和水电作为传统能源，把风能、核能和太阳能作为新能源，2010 年两者各自比重约为 95%和 5%，其中火电所占比重为 72.43%、水电 22.12%、风电 3.22%、核电 1.14%、太阳能 0.08%，从中不难看出，中国太阳能利用还处于很低的水平。

20 世纪末，日本在京都召开的《联合国气候框架公约》第三次缔约方大会上通过的国际性公约，为各国二氧化碳排放量规定了标准。中国是《京都议定书》国际公约签订国。这几年国际气候会议对中国这方面压力加大，中国自己也做出了减排承诺，再继续大规模发展火电有悖此承诺。在这个时代背景下，光伏发电成为节能减排的重要途径，这也为中国光伏产业的发展带来了契机。

国际上普遍认为，在长期的能源战略中，太阳能光伏发电在太阳能热发电在可再生能源具有更重要的地位。因为光伏发电有充分的清洁性，绝对的安全性，相对的广泛性，确实的长寿命和免维护性，初步的实用性，资源的充足性及潜在的经济性等优点。

所以，当世界上第一块实用的硅太阳能电池与第一座原子能电站于 1954 年同时在美国诞生后，受到世人瞩目。但由于太阳能本身的分散性、随机性和间歇性等特点，也由于太阳能光伏电池的理论、材料和器件研究的难度，使其在近 50 年的发展中与原子能发电拉开了距离。但是仅美国能源部每年投入约 1 亿美元光伏研究发展基金，日本“新阳光计划”，欧盟“可再生能源白皮书”都把光伏作为首先发展项目。世界经济研究所早就曾预言光伏是 21 世纪高新技术角逐的前居之一。

21 世纪到来之际，考虑到核能的不安全性，德国和美国以及欧盟中的 7 个国家声明，开始不再兴建新的核电站，德国有计划地逐个关闭现有的 20 座核电站，欧洲一些高水平的核研究机构开始转向可再生能源，因而有人认为世界已进入“核冬天”时代。

同时，维也纳也召开了“第二届全球光伏大会”，世界著名太阳能专家施密特教授作为大会主席，面对 2000 多名与会代表，满怀信心地指出：“太阳能将在 21 世纪中取代原子能作为世界性能源，唯一的问题是在 2030 年实现，还是在 2050 年实现。”

未来火电行业比重仍旧会下降，理由有三：一是煤、油资源匮乏，这几年中国已成为原油进口大国，过度依赖进口成为经济发展的隐患；二是煤、油运输问题，中国铁路运能中煤、油占了很大比重，继续扩大火电比重，运能也是问题；三是即使有油有煤，发展火电也受到减排指标的限制。

至于水电，尽管近几年仍有大型水电项目在建，但受资源和环境等影响，很难再重复建设出三峡水电这样大型的水电项目，整个产业大发展概率小。

所以，毋庸置疑，未来 10 年，传统能源仍将是主角，但其比重逐年下降成必然趋势，而发展新能源产业是中国能源发展也是世界能源发展的必由之路。太阳能光伏产业是大势所趋，成为未来能源主角的种子选手。

我们看一下太阳能光伏发电的情况，近几年，全球装机容量约为1700万千瓦，我国仅为80万千瓦，占全球的4%。应该说，太阳能发电水平除少数发达国家外，全球利用水平都不高，其主要原因是投资大、成本高。

但随着太阳能发电新技术的运用，这一问题正逐渐解决。据国家《太阳能光伏产业“十二五”发展规划》，到2015年，光伏发电每度电的投资成本下降到1.5万元，发电成本下降到0.8元，配电则达到“平价上网”。到2020年，每度电投资成本下降到1万元，发电成本达到0.6元，在电力市场也会形成有竞争力的价格。

纵观当前国内外太阳能光伏产业的发展现状和趋势，可以用发展迅猛和面临调整来概括。从发展的格局看，太阳能光伏产业通过近几年的政策扶持、技术进步，产品市场急剧增长，产业链不断完善成熟，成本快速下降。短期内，由于受全球金融危机、国际贸易保护主义等因素的影响，国内外光伏企业均面临着自身产业结构的调整。但作为可再生能源的重要组成部分，光伏产业取代传统能源已是大势所趋。

我国《太阳能光伏产业“十二五”发展规划》明确提出：“十二五”期间，光伏产业将继续保持平稳较快增长，多晶硅、太阳能电池等产品在适应国家可再生能源发展规划确定的装机容量要求的同时，积极满足国际市场发展需要。

支持骨干企业做优做强，到2015年形成：多晶硅领先企业达到5万吨级，骨干企业达到万吨级水平；太阳能电池领先企业达到5吉瓦级，骨干企业达到百万千瓦级水平；1家年销售收入过千亿元的光伏企业，3到5家年销售收入过500亿元的光伏企业，3至4家年销售收入过10亿元的光伏专用设备企业。

由此可以看出，未来几年，我国光伏行业的市场集中度将大幅提升，行业整合将为光伏行业带来新的市场结构，打破现有无序、低毛利率竞争情况。

从现阶段各产业链发展情况来判断，未来几年光伏行业预计会迎来新一轮的市场井喷期，届时行业布局将更加合理，发展前景将更加明晰，同时随着中东、北美、中国、印度、东南亚等新兴市场的不断扩大，光伏市场将成为真正意义上的全球市场。

综上所述，尽管新能源产业目前面临很多危机，但发展机会和发展趋势毋庸置疑，新能源行业的投资也是大势所趋。但从另一个角度上讲，新能源发展所暴露的问题必须要重视，行业发展中的无序竞争、盲目扩张问题必须得到解决。

所以，目前这轮危机是坏事也是好事，坏事是导致行业发展步伐短期会放缓，但好事是，从长远看，这轮危机是一次行业洗牌和调整的机会，一批具备核心竞争力的企业将在这轮调整中获得大发展契机。

二、我国光伏产业的前景

随着国家1.15元/度的上网电价政策出台，《可再生能源发展“十二五”规划》、《太阳能光伏产业发展“十二五”规划》和《太阳能发电“十二五”规划》等颁布实施，我国光伏产业规模逐步增大，国际化程度愈加增强。尽管光伏产业存在一些困难，光伏产业依旧是未来被人广为看好的产业之一。具体来讲，我国光伏产业的前景如下。

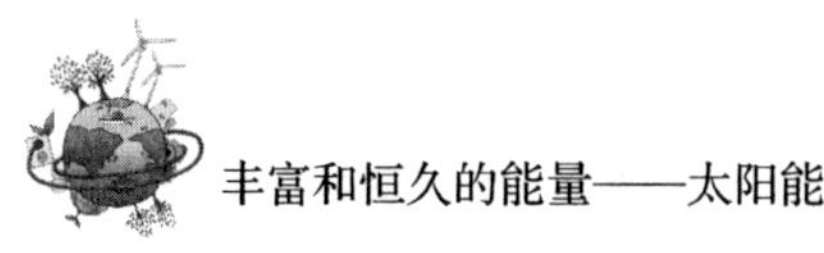

产业规模不断扩大，国际化程度稳步提升。我国太阳能电池继续保持产量和性价比优势，国际竞争力愈益增强。产量持续增大。产品质量愈加稳定，多数企业产品质保将达到 10 年，功率线性质保将达到 25 年。

国际化程度进一步增强，受国内市场消费能力有限和国外贸易壁垒影响，我国光伏企业将加快国际化进程，通过在海外建厂或并购方式，加快在海外的本土化发展，以增强企业竞争力和国际化水平，成长为国际大型企业。

多晶硅生产技术持续进步，产业自给能力迅速提高。低能耗还原、冷氢化、高效提纯等关键技术环节进一步提高。多晶硅生产规模进一步扩大。

值得关注的是，在供需失衡加剧情况下，我国在海外上市光伏企业股价可能持续下跌且遭受国外评级机构唱空，极有可能被国外资本乘虚而入，利用产业整合和贸易战等时机，掌控我国优势企业主导权，甚至使我国光伏产业日益空心化。

尽管如此，从世界范围来讲，传统能源的衰竭注定我们需要新能源，而光伏产业是新能源中的最佳选择之一。光伏产业的利用性能吸引人们的重视，人们的重视保证了光伏产业的发展。一言以蔽之，发展光伏产业，正是大势所趋。

第八节 光伏产业的明天依然晴好

光伏产业给人类带来了很多奇迹，让生活更加便捷，而且，光伏发电也是解决能源危机的一个出路。这也是国内外重视光伏产业的重要原因。虽然在发展的道路上有这样那样的困难，但是无论怎样，光伏产业是一种新能源的发展方向之一，符合低碳环保可持续发展的要求，它的明天依然晴好。

一、我国光伏产业有待提高

由于化石能源导致全球气候变暖，全世界都在寻找新的替代能源方案，欧盟提出 2020 年，可再生能源替代达到 20%。2050 年将会达到 80%至 100%，中国也提出在 2020 年中国非化石能源比例达到 15%。世界各地都在寻求新能源，以光伏发电为主要应用目标的光伏产业成为吸人眼球的热点。

太阳能的应用前景十分广泛，在未来的生活中，无论是屋顶电站、大型太阳能电站，还是在人类生活都将十分普及，涉及的动力系统都有可能与太阳能结合起来。

与之相应，国际上高效聚光光伏电池效率已达 32%，高效平

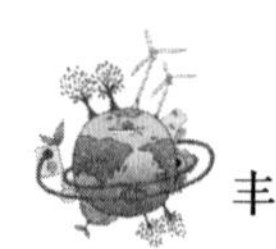

板电池效率也已达到25%至28%。各国政府正在投入巨资研究如何进一步提高效率，扩大生产，降低成本。

目前，世界最大的光伏工厂年产36兆瓦，价格在3到4美元/瓦。现在正在设计制造年产500兆瓦/年的大工厂，力求将光伏电池售价降至1美元/瓦，届时光伏发电的成本将达到6美元/千瓦时，可以与火电相竞争。

与国际蓬勃发展的光伏产业相比，中国的光伏产业仍面临着许多方面的困难。比如，目前全国没有一个统一的国家光伏规划，仅有一些部委或地区规划恐怕是不够的。

目前，我国光伏研究单位存在着一定的困难，比如缺少资金，设备老化，科研力量流失严重，科研成果稀少，知识创新能力薄弱等。工艺技术落后、产品的成本高、品种少、在市场上缺乏竞争力。原材料如太阳级硅原料、封装材料和浆料等都依赖进口。应用单位得不到廉价的、可靠的、性能优越的光伏产品。这些都是极其不利的因素。

西藏、新疆、内蒙古等许多地方的区域供电都存在极大的困难，我国尚有几千万人口用电困难。这些地方正好是光伏发电的巨大市场。

针对种种情况，我国在光伏产业中可加强领导，统一规划，提出明确的近期、中期和远期的国家目标，配备高强度投资；全面支持太阳能光伏发电的基础研究、发展应用、产业化和市场开发。同时，拟订稳定的优惠政策，鼓励大规模开发利用太阳能光伏发电。要在阳光富集而传统能源紧缺的地区如西藏等地区率先建设5到50兆瓦光伏电站，对光伏独立系统和光伏并网系统给予立项、贷款、税收及财政补贴等方面的政策支持。

要重点扶持若干个研究开发、人才培训和检测基地。由政府牵头，建成若干个产学研、科工贸群体，将国家目标和企业利益结合在一起进行运作。

发展光伏产业，必须加强国际交流和合作，大力吸收境外资金、人才和信息进入中国相应的管理部门、科研教学部门和生产应用部门。

二、光伏产业的机遇

太阳能光伏发电是一种完全零排放的清洁能源。它也是一种接近规模应用的现实能源。政府和实业界若能像重视核能那样来重视太阳能光伏发电，则完全有希望在不久的将来逐步实现只要有阳光的地方就会有电能的美好理想。

光伏行业内有很多盲目的行为，导致短暂性的供远大于求，也就是高库存现象，但高库存是一个暂时现象，并不代表太阳能产品已经饱和。那些已经建立国际品牌的企业，建议他们继续维护好自己的品牌，并加大投资品牌，不要让这种优势在危机面前丧失。一旦品质和管理水平达到一定要求，光伏产业就会在一个相对规范的层面高水平运行，这样会更加有利于这个行业的健康发展。

欧洲市场变幻不定，很难预估，金融危机随时会影响到每一个行业，不会在短时间内解决，这会影响各个国家对光伏产业的政策。目前来讲，光伏市场很大程度取决于政策的稳定性，未来的欧洲市场不确定性比较大，意大利、德国、法国的市场，都会发生波动，相反，一些中欧国家，如保加利亚、捷克等国家，反而可能会有增长。

美国也是个很大的市场，但现在税收是个障碍，组件要加税，零器件都要加税，双反也不是短短几个月就能解决的。对中国的太阳能光伏企业来说，在海外投资工厂，来供给美国市场的需求，这个思路具有非常大的可行性，大家都不会放弃。

欧洲补贴下降，并不意味着光伏行业对人们没有利用价值，要退出市场了。相反，规模越大，市场化程度越深，补贴才会越少，这是好事儿。它至少说明这个行业开始由政府驱动，变为市场驱动，成为一个独立的自负盈亏的行业对光伏产业只有好处没有坏处。光伏产业的明天依旧晴好，距离第二个春天也就不远了。

多元化的市场为光伏产业的发展带来了机遇，也带来了不确定性，但是，在能源危机的背景下，未来太阳能发电会非常有前景。事实上，现在出现的供大于求，并不是真正的供大于求，而是更多更广泛的需求没有被挖出来。比如，将光伏发电产生的多余的电能并入国家电网的情况，虽然在中国还难以实现，但是随着光伏产业的做大做强，相信在不久的将来，这并不是个难以解决的问题。

目前，光伏产业在制造水平、产业体系、技术研发等方面不断得到完善，而且市场潜力巨大，只要抓住发展机遇，加快转型升级，就能迎来更加广阔的发展空间。

第六章　太阳能给人类带来更多奇迹

自从认识到太阳能的优势，人类就一直在探索更有效利用太阳能的方法，以便能更好满足生活需求。

随着技术的不断发展，以太阳能为能量的产品逐渐走进人们的生活。太阳能手机、太阳能相机、太阳能热水池给人类带来了更多奇迹。太阳能产品日益更新，让太阳能拥有更大的利用空间。而科学家们为了使人们获取更加稳定、丰富的太阳能，将错时利用太阳能变成了现实，应用纳米技术改善太阳能电池的性能，甚至设想出了神奇的宇宙电站。相信在将来的生活中，太阳能会给人类带来更多奇迹。

第一节 生活休闲更给力

随着太阳能技术的发展，太阳能产品越来越多，比如太阳能相机，太阳能手机等。这些太阳能产品为生活提供了便利，人们的生活因此更加丰富多彩。相信在不远的将来，太阳能产品的性能定会越来越好，能为人类带来更多奇迹。

一、让电子产品更给力

无论走到哪里，摄影爱好者都离不开相机。正是因为有这些摄影爱好者的付出，我们才有幸欣赏到一幅幅美丽的画面、一张张灵动传神的人物像。那么，太阳能和相机之间会有着怎样的联系呢?

20 世纪 80 年代，世界上第一部太阳能电池相机由日本理光公司首次推出，随后该公司又推出全新设计的第二代 XR SO-LAR 型太阳能相机。

这种相机采用全手动操作，由机顶的三块太阳能电池供给测光表电流。它还能将多余的能量储存在电容器内，以便在黑暗时仍然可以照常使用。

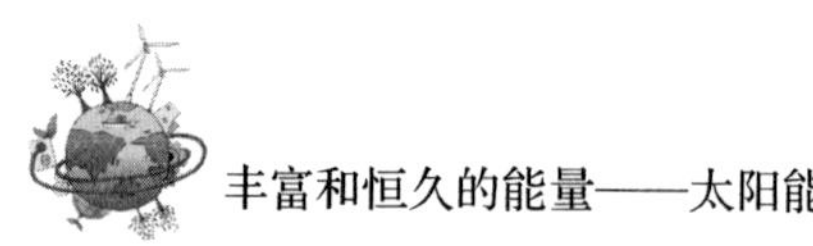

这种新式太阳能电池有很高的灵敏度和效率，微弱的光线照射在上面所产生的电流就足够使测光表正常工作。因为此类型相机不使用普通电池，使用者可以完全放心尽情地拍摄，不必担心电池能量会耗尽。

相机采用的是可靠的中央偏重式测光系统，配合全机械控制的垂直升降焦平快门，速度高达 1/2000 秒。再加上精密地结合在坚固耐用的铝合金机身内的多次曝光钮和景深预测钮的专业设备，使用者可以完全掌握并享受手动拍摄所带来的乐趣。

很多人手机经常没电，为此有人随身带两三块电池板，甚至有人随身带着充电器，解决手机待机问题一直是厂商长期关注的问题。

随着手机多媒体海量应用的出现，待机问题一直是困扰手机产业和消费者的桎梏，业内人士长期以来都希望能够将使用方便、节能环保、安全可靠的太阳能技术移植到手机上来，使之成为手机在 3G（第三代移动通信技术）时代无线生活中长期稳定的动能支撑。

自从有了太阳能充电器，这种烦恼轻松解决。太阳能充电器是一种把太阳能转化为电能储存在蓄电池里面的装置，太阳能光电池、蓄电池、调压元件是主要组成部分。市面上常见的有野外便携式和卷曲式两种。

野外便携式是直接暴露在阳光下进行充电，适于室外和旅行用。

卷曲式是采用交流-直流充电器或插入 USB（通用串行总线）端口获得电能，从外表看，是柱状造型，和普通的移动电源没有太大的区别。最大的区别是它内置有柔性太阳能电池。

当然了，目前国内市场上的太阳能电池，价格有高有低，质量有优有差，需要在购买时认真比较。挑选一块实用的太阳能充电器，主要观察三方面：一是使用效率（太阳能板的转换效率和二次转换效率），二是蓄电池的质量和容量，三是控制电路和保护电路的设计。

简而言之，一块质量好的太阳能充电器要考虑它的使用效率、蓄电池、电路设计等方面。挑选的时候，不能光看价格，很多时候，一分价钱一分货。目前来讲，合格的太阳能充电器从技术到用料都需要较高的经济成本。

找到性价比比较高的太阳能充电器，多做了解，认真对比，然后再做决定，这样才能够购买到合适的太阳能充电器。

二、悠闲惬意的游泳池

除了发展太阳能电池之外，随着人们生活水平的提高，室内游泳池越来越受到人们的青睐。但是目前，各游泳场所设计的游泳池往往采用燃气锅炉或燃油锅炉对水进行加热，这些设施大量地消耗传统能源，运行费用极其高昂，游泳池经营者不堪重负。

一些先进的游泳池经营者为了解决这些问题，采用太阳能及空气热泵等设备，这不仅维护了环境，而且节省了运行成本。

太阳能游泳池把太阳能应用于游泳池水体加热，是太阳能利用领域的又一次扩展，标志着太阳能应用于大型热水系统成为一种可能。

在 20 世纪七八十年代，有一支几千人的陆军工程兵部队驻扎在美国的佐治亚州本宁堡地区。每年仅仅几千人洗澡，就要烧掉石油 1.13 万桶，美军为了节约石油能源，决定利用太阳能。

就这样，一个占地面积约44.515平方米的太阳能热水池在驻地被建成，每天可以加热1800多吨热水，供6500名军人洗澡，另外还可以游泳。

这个太阳能热水池，共采用80块长61米、宽4.7米的太阳能吸热板来收集阳光。吸热板的外围是一个约0.46米高的水池墙，吸热板吸收的阳光使流在吸热器中的水受热，再经过循环流到游泳池内，如此循环可使水池中的水加热到60到70摄氏度。

这个太阳能游泳池耗费了400万美元，经过两年时间才建成，但自从使用太阳能游泳池后，每年节约了大量的石油，不久便抵销了建池成本。

关于太阳能游泳池，已经得到很多国家的重视，相信随着科技的进步，太阳能电池也能逐渐普及，飞入寻常百姓家。

越来越多的太阳能产品，让我们认识到太阳能卓越的利用性能。

第二节　错时利用太阳能——太阳能的储存

我们知道，太阳能的利用状况，受制于天气因素。经过探索研究，人们想到了错时利用太阳能的方法。

错时利用太阳能，就是把太阳能储存起来，以备不时之需。白天储存的太阳能，可以晚上用。晴天储存的太阳能，可以阴雨天用。错时利用太阳能，打破了天气状况对于太阳能应用的限制。这正是人类用独特的智慧，给生活带来的奇迹。

我国东北地区有一种暖墙，用土坯、砖或混凝土砌成，墙里面中空，墙的下面是火炉。在寒冷的冬天，点燃火炉，火炉的烟经过暖墙排到室外，暖墙被加热之后，热量储存在暖墙里，需要十几个小时之后才能冷却。这样白天烧火炉，解决了夜间取暖问题。

北方地区的火炕，也起到了储存热量的作用。同样的道理，可以利用蓄热材料来实现太阳能的直接储存。太阳能的直接储存分为短期储存和长期储存两类。

太阳池对太阳能的储存就属于长期储存。太阳池是盐水池，太阳光照射到池的底部，池底部的高浓度盐水吸收太阳光的热量之后，因为含盐的水密度大，不会和上面的水发生对流，这样高温的水始终保存在水池的底部。

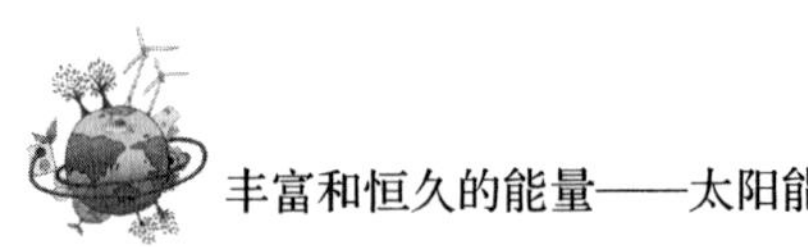

另外，水池上部的清水像一层厚厚的玻璃，把水池底部的长波辐射阻挡回去，使水池的热量不会流失。这样，太阳池就可以把太阳能长期储存了。在实际应用中，水、沙、石子、土壤等都可作为储能材料，但储能有限。其中，水的比热容最大，应用较多，但在使用中要解决过冷和分层问题。

太阳能中温储存温度一般在100摄氏度以上、500摄氏度以下，通常在300摄氏度左右，适宜于中温储存的材料有高压热水、有机流体、共晶盐等。太阳能高温储存温度一般在500摄氏度以上，目前正在试验的材料有金属钠、熔融盐等。1000摄氏度以上极高温储存，可以采用氧化铝和氧化锗耐火球。

目前比较常见的做法是转化为电能储存。比直接储存更为先进的办法，就是把太阳能转变为其他形式的能，再加以储存。比如利用太阳能发电，把发出的电输入蓄电池进行储存。电能储存比热能储存困难，常用的是蓄电池。

蓄电池能够很好地储存电能，为暂时用不到的太阳能安家落户，以备不时之需。目前正在研究开发的是超导储能。事实上，蓄电池的研究，从很久以前就已经开始了。

世界上铅酸蓄电池的发明已有100多年的历史。它利用化学能和电能的可逆转换实现充电和放电。铅酸蓄电池价格较低，但使用寿命短，重量大，需要经常维护。

现有的蓄电池储能密度较低，难以满足大容量、长时间储存电能的要求。新开发的蓄电池有银锌电池、钾电池、钠硫电池等。某些金属或合金在极低温度下成为超导体，理论上电能可以在一个超导无电阻的线圈内储存无限长的时间。

这种超导储能不经过任何其他能量转换直接储存电，能效率高，启动迅速，可以安装在任何地点，尤其是消费中心附近，不产生任何污染，但目前超导储能在技术上尚不成熟，需要继续研究开发。

对于容量较大的电能储存来说，常用的酸性铅蓄电池仍是目前最好的储存装置，它的储存效率可以超过 70%，价格也比较便宜。

至于碱性铁镍电池或镍镉电池，虽然机械的和化学的耐用性能较好，寿命较长，并且比酸性铅蓄电池轻得多。但它们单位容积所储存的电能较少，效率也较低，大约为 55%到 65%，价格昂贵，所以使用较少。

目前，国内外正在研制和试用的还有其他一些特殊类型的蓄电池，例如有机电解液蓄电池、固体电解质蓄电池、熔盐蓄电池以及钠硫蓄电池等。

概括起来说，无论是哪种蓄电池，贮能容量都比较小，一般只能作日储存用，至多也只能作为储存用。至于长期储存电能，目前还是十分困难的。总的情况是，电能储存目前只能用在小型电子器件（例如电子钟、电子表、电子计算器等）或者特殊用途(例如航标灯以及航天器等）上，还不容易大规模推广应用。

此外，也可以利用太阳能提水储能，白天利用太阳能把水从低处提到高处的蓄水池中，夜里从蓄水池放水，利用水的落差进行发电。

无论是转化为直接储存太阳能还是把太阳能以电能的形式储存，国内外的科研人员，都在用自己的努力，实现错时利用太阳能，让太阳能更加方便实用。相信在将来某一天，错时利用太阳能能够真正工业化，为社会建设发挥更强大的能量，给我们人类带来更多奇迹。

第三节　当太阳能电池遇上纳米材料

太阳能电池属于高科技产品，纳米材料也属于高科技产品。从理论上讲，当两种高科技产品遇上之后，它们就会成为一种更强大的产品。

以往的太阳能电池每吸收一个光子的太阳能，其中半导体材料只能产生一个自由移动的电子，而如果将半导体材料转换成纳米材料，一个光子的太阳能能够产生多个带电体，形成更高的电压，储存更多的电能。这样就意味着太阳能的利用率将增加一倍，从现在的24.7%增加到50%，至少会达到45%。

体会到太阳能电池遇上纳米材料的强大之处，科研人员都积极努力，希望这一天早日到来。现在我们先了解一下什么是纳米材料。

一、什么是纳米材料

纳米，又称毫微米，一般用nm表示。是长度的度量单位。1纳米等于0.000 001毫米，相当于10^{-9}米。

所谓纳米材料，从广义上说，就是在三维空间里，至少有一维处于纳米尺度范围或者由该尺度范围的物质为基本结构单元所构成的材料的总称。欧盟委员会则将纳米材料定义为一种由基本颗粒组成的粉状或团块状天然或人工材料，这一基本颗粒的一个或多个三维尺寸在 1 纳米至 100 纳米之间，并且这一基本颗粒的总数量在整个材料的所有颗粒总数中占 50%以上。

纳米材料性能良好，这是因为纳米材料符合量子力学的规律。纳米材料具有异于普通材料的光、电、磁、热、力学、机械等性能。正是因为如此，它遇上太阳能电池之后，才能极大地提高太阳能的利用率。

根据物理形态划分，纳米材料大致可分为纳米粉末（纳米颗粒）、纳米纤维（纳米管、纳米线）、纳米膜、纳米块体和纳米相分离液体等五类。

二、纳米材料在太阳能电池中的应用

纳米材料是近一段时间兴起的一种新型材料。为什么纳米材料拥有良好的利用性能呢？据《自然光子学》发表的研究结果，纳米线可吸收比普通太阳光强度高 14 倍的太阳光。据此，有科学家预测，在不久的将来，纳米线在太阳能利用领域将有非常大的发展潜力。

近年来，相关科研人员一直在探索如何改善提高纳米线晶体的性能。纳米线晶体呈柱状构造，直径相当于人头发的万分之一。研究结果表明，纳米线能够在非常小的区域内收集 15 倍的太阳射线。由于纳米线的直径小于太阳光的波长，在纳米线内部和周围能引起光强度共振。因此，一旦纳米材料广泛应用于太阳

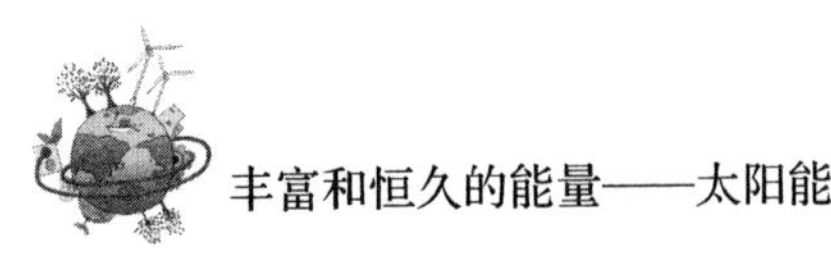

能电池，必将大大提高太阳能电池的转化效率。

同时，这也会对发展太阳能电池、开发纳米太阳能射线以及全球能源开发产生重要影响，只是纳米线太阳能电池的产业化尚需时日。

想要了解纳米材料在太阳能电池中的应用，我们就以染料敏化太阳能电池为例。染料敏化现象的发现，对于染料敏化太阳能电池的实现有重大意义。虽然染料敏化现象在 19 世纪末就已经发现了，但直到 20 世纪 70 年代，科学家才认识到染料敏化半导体与植物的光合作用密切相关，可以制造成太阳能电池。从此以后，人们揭开了染料敏化太阳能电池的序幕。

三、染料敏化太阳能电池

染料敏化太阳能电池是一种模仿光合作用原理的、廉价的薄膜太阳能电池。它是基于由光敏电极和电解质构成的半导体，是一个电气化学系统。它可以用低廉的材料制成，不需要用精细的仪器制造，其制造过程比以前的电晶体电池更便宜。

染料敏化太阳能电池可以被制成软片，这种软片的机械强度大，不需要特别保护来防止来自于外界的破坏，比如树枝的撞击及冰雹。虽然它的能量转换效率比最好的薄膜电池低一些，但理论上，染料敏化太阳能电池的性能比已很高，发电成本甚至可以和化石燃料一较高下。

染料敏化太阳电池具有原材料丰富、生产成本低、工艺技术相对简单等优势，在大规模工业化生产中具有较大优势。而且，生产燃料敏化电池的所有原材料和生产工艺都无毒、无污染，部分材料还可以充分回收，对保护环境具有重要意义。

染料敏化太阳能电池主要由纳米多孔半导体薄膜、染料敏化剂、氧化还原电解质、电极和导电基底等几部分组成。纳米多孔半导体薄膜通常为二氧化钛、二氧化锡和氧化锌等金属氧化物。

与硅太阳电池相比，染料敏化太阳能电池有着更为广泛的用途：可用于塑料或金属薄板使之轻量化、薄膜化，可使用各种色彩鲜艳的染料使之多彩化，还可设计成各种形状的太阳能电池使之多样化。

与传统的太阳能电池相比，染料敏化太阳能电池有以下优势。

第一，寿命长，使用寿命可达 15 至 20 年。

第二，结构简单、易于制造，生产工艺简单，大规模工业化生产的目标比较容易实现。

第三，制备电池耗能较少，能源回收周期短。

第四，生产成本较低，仅为硅太阳能电池的 1/5 到 1/10，估计每单位的电池的成本在 10 元以内。

第五，生产过程中不会对环境造成污染。

经过十几年时间的发展，染料敏化太阳能电池在染料、电极、电解质等相关方面取得了很大进展。同时染料敏化太阳能电池在高效率、稳定性、耐久性等方面还有很大的发展空间。

想要让纳米材料与太阳能电池完美结合，理想的染料应该具备以下特征。

第一，染料的吸收光谱应与太阳光谱相匹配，理想情况下能吸收 920 纳米以内的全部太阳光谱，尽量避免光被电池的其他部分吸收（如二氧化钛和电解液）。因为一方面它们产生不了人们需要的光电流，另一方面有可能发生负反应，影响太阳能电池的总体效率。

第二，在染料分子母体中，一般应含有易与纳米半导体表面结合的基团（如羧基、磺酸基、磷酸基），使它牢固地吸附于半导体的表面。

第三，热力学染料分子激发态的能级要符合相关要求，以便电子转移过程中的能量损失最小。同时，与电解液的氧化还原势相比，染料分子基态要略低，保证循环的正常进行。

第四，动力学激发态的寿命足够长，且具有很高的电荷传输效率。

第五，染料的寿命足够长，能经历 10^8 次左右的循环，在自然光下有长达 20 年左右的使用寿命。

纳米材料以良好的使用性能，受到了很多科学家的重视。而太阳能电池也是满足未来能源需求的一个关键项目。当太阳能电池遇上纳米材料，将极大提高太阳能电池的使用性能。现阶段我们还有很长的路要走。我们也应明白，让太阳电池和纳米材料成功结合，是我们的追求，也为我们解决能源问题打开了一扇明亮的希望之门。

第四节　宇宙空间太阳能电站

宇宙空间太阳能电站，顾名思义，就是在宇宙中建立的太阳能发电站。它突破大气层对太阳辐射的影响，避开地球上的风雨阴晴，尽最大的可能发电。在油价不断攀升和环境恶化的今天，宇宙空间太阳能电站作为一种重要的可再生能源方式的设想，受到了世界许多国家的广泛关注。

一、到太空收集阳光

随着光电技术的不断进步，太阳能电池的应用也从航天领域走进了各行各业和千家万户。随着科技的发展，太阳能汽车、太阳能游艇、太阳能自行车、太阳能飞机都已开发并且进入市场。但目前，相比这些产品，最具吸引力的是宇宙太阳能电站。

由于地面上的太阳能较分散，并且日照状况受地球自转、公转和气候的影响，太阳能很不稳定。另外，目前尚未解决好大容量的储能问题。为了克服地面上利用太阳能所遇到的种种限制，人们提出了飞向太空捕捉太阳能的大胆设想。

宇宙空间太阳能电站在距离地面 35 869 千米的空间的同步轨

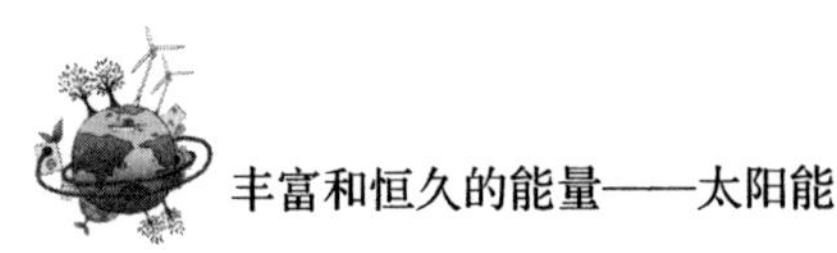

道上运行，在轨道外建立电站。然后，将始终在地球赤道同一点上方随着地球自转而运行。在宇宙空间太阳能电站上，装有两个面积为 20 到 30 平方千米的布满太阳能电池盒集光器的桨状平板。

太阳能电池在阳光照射下产生电流，借助微波发生器将直流电能转换成微波能。然后，通过两块太阳能电池板之间的微波发射天线，集束发射到地面的接收站。接收站接收到微波功率，经过整流变为直流，最终变换为交流电供用户使用。

电站在宇宙空间中，不受风和昼夜等地面天气现象的影响，可以连续不断地得到太阳辐射能。只有在春分、秋分点附近的短时间，才有昼夜之分。所以，卫星每天至多只有 72 分钟处于地球阴影区。

空间太阳能电站具有地面电站无法比拟的优点。在同步轨道上的卫星，处于上方，摆脱了大气层的阻挡，较少会受到地球大气和气候变化的影响，依靠跟踪装置把太阳能电池板变成“向日葵”，以太阳的方向而转动。

当卫星电站围绕地球飞行时，地球对卫星电站的引力和围绕地球旋转产生的离心力将会相互抵消。卫星电站在失重状态下工作，而且又是处于真空无污染的条件下运行。所以，可采用大面积的轻型结构，节省材料。

建设宇宙空间太阳能电站还有个重要原因是，目前地面上的太阳能电站，由于阳光在到达地面的过程中，大部分已经被大气层吸收或者反射掉了，所以在地面上可以接收到的太阳能相对比较少，大约只是太空中太阳能的 1/4 到 1/5。

另外，地面太阳能电站还会受阴云密布和雨雪天气的影响。假如把太阳能电站建造在太空中，就可以避免以上不利情况的出现。

如果宇宙太阳能发电站输电天线直径为 2 至 2.5 千米，接收天线的直径也必须与之相应。因此，能源消耗地的沿岸海面以及废弃不用的高尔夫球场等，将是较为适合的建造地点。

此外，在南太平洋上分布的一些无人居住的小岛，也是理想的选择。由于微波束越是靠近赤道越是垂直向下，因此，在赤道附近建造接收天线，可最大限度地提高接收效率。

根据设想，在这些荒芜小岛上接收到的电力，将首先被用于电解氢，然后再用船舶将电解的氢运送到人口密集的使用地。这些来自太阳能的氢，可以作为燃料电池的燃料进行发电。

从目前情况来讲，上面的设想尚处于理论阶段，但是敢想才能敢做，相信在人类不停地努力下，这些也能成为现实。事实也证明，我们之所以有今天的科技成果，就是建立在敢于想象的基础之上的。宇宙空间太阳能电站的发展历程就能充分证明这一点。

二、宇宙空间太阳能电站——向宇宙要能源

20 世纪 70 年代，美国航空航天局与美国能源部设计了一种被人们称为“标准模式”的大规模的宇宙太阳能电站，该发电站利用重约 5 万吨，面积为 10 千米×5 千米的太阳能电池板进行发电，通过直径约 1 千米的输电天线，利用 2.45 千兆赫微波向地面无线进行电力传送。

“标准模式”的地面接收天线为 10 千米×13 千米。按照设计方案，宇宙太阳能发电站的发电能力为 1000 万千瓦。最终可在

地面利用的直流电力为500千瓦，这个数据相当于5座核电站发出来的电量。但是由于建造费用高昂，如果纯粹作为发电站出售电，经济上势必出现赤字，因此，该项研究最终未能付诸实施。

但是，美国航空航天局和相关科学家并没有放弃建造宇宙空间太阳能电站的设想。他们召开有30多位专家学者参加的讨论会，会上有人提出在月球上建造太阳能电站的设想，与会专家学者详细讨论了这一全新的想法，还一致认为这种设想不仅可能实现，而且前景广阔。这次会议也由于提出了“月球发电站”而闻名。

提出在月球建造太阳能发电站从理论上说完全可行，是科学家巧妙地利用了月球的得天独厚的特点。

月球的自转周期与绕地球的公转周期时间相同，也就是说，月球绕自身旋转轴转动一圈，同时也绕着地球转过一周。因此，月球始终以它的一面对着地球。这样，激光发生器或微波发生器就可安装在这一面，对着地球发射激光光束和微波光束，把波束传送到地球上。

在地球上则设置地面接收站，接收来自月球的激光束或微波束，并通过相应的装置把它转变成电能，再输入电网，就可以供用户使用。

在地球上，人们要得到低成本、高效率且安全性好的电能，往往难以实现。因为要利用太阳能发电，就需要有大片光照充足的土地，才能进行光电转换进行发电，而土地是宝贵的生产资源，土地不足是许多企业无法解决的矛盾之一。

但在月球上，土地问题就迎刃而解了。可以将太阳能基地成对地建造在月球的正面和反面，最好靠近月球的赤道，在每个太阳能基地中都安装成千上万个大型太阳能电池阵，由这许多的太阳能电池阵把太阳能转化为电能，通过激光束或微波束传输到地球。

科学家们估计，到 2050 年，生活在地球上的 100 亿人口需要 2×10^{13} 瓦的电能来满足自己的生活，而月球上，人们可从太阳那里获取高达 1.3×10^{16} 瓦的电能，所以，只要对其中 1%的太阳能加以利用，并将其传送回地球，就可以满足人们一年的电能需要。

在此之后，日本微波输电技术不断进步。

20 世纪 80 年代，日本科学家开始了在宇宙太阳能发电中至关重要的微波输电研究，并进行了世界首例在宇宙空间的试验，成功实现了电离层内从母火箭向子火箭的微波输电。

20 世纪 90 年代，日本又成功进行了借助微波输电的模型飞机试飞。没有搭载任何燃料的模型飞机通过接收来自地面的微波，在距离地面 10 到 15 米的高度飞行了约 400 米。

受到这个方面的刺激，从 20 世纪 90 年代起，由美国航空航天局组织领导，对宇宙太阳能发电站进行了重新评价，并提出了经济性更为良好的“太阳塔计划”。

按照该计划，将在长度为 15 千米的集电线主干上，先连接类似树叶那样的反射镜，然后由太阳能电池将反射镜聚集起的太阳光能转化为电能，最后通过输电线传送至输电天线。

“太阳塔”具有 25 万千瓦的发电能力，建设费用大大低于前一段时间提出的“标准模式”发电站。

近些年，凭借世界领先的微波输电技术，日本已经开始发射宇宙太阳能发电系统的技术试验卫星。

利用火箭向距离地面 400 千米的电离层发射子母卫星，然后

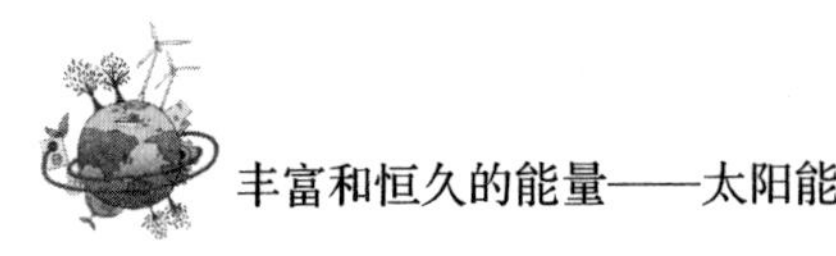

从具有50千瓦发电能力的母卫星向子卫星以及地面传送微波，以此验证微波是否能够到达目的地，以及对电离层会造成哪方面的影响。

日本在上述研究的基础上，甚至还计划在2015至2020年间发射1万至10万千瓦级的电力卫星，在2040年左右建造100万千瓦级的商用宇宙空间太阳能电站。

但是值得说明的一点是，宇宙空间电站的巨额建造费用依然是困扰其进入实用化的关键因素。以建造100万千瓦级的商用宇宙空间太阳能发电站为例，需要花费2兆4000亿日元，这是一个不得不让人慎重考虑的数字。

假设宇宙空间太阳能发电站的寿命为30年，每千瓦的发电单价为23日元，这个价格就相当于火力发电以及核电价格的2倍。因此，在近期，如果没有相关的技术改进能够将宇宙空间太阳能电站的成本降下来的话，这个设想与常规电力相比，还没有更大的竞争力。

分析上述庞大的建设费用，将宇宙空间太阳能电站的构件运送到宇宙的费用，能够占据大约30%的份额。目前正在计划建筑中的国际宇宙空间站，面积大约为100米×70米，大体上相当于1个足球场的面积，而日本计划建造的宇宙空间太阳能电站，仅太阳能电池板的直径就长达2.6千米，重量更是达到了21 000吨。

显而易见，如此巨大的构造物，绝对无法利用火箭一次发射升空进行运送，必须要将建造材料分为好几次发射，然后在宇宙空间借助机器人进行组装。这是一个极其复杂的过程。因此，为了降低运送成本，必须尽早开发出发射费用较为低廉的宇宙运输机，要相当于目前火箭1/20，同时，研制用于对宇宙太阳能电站进行保养维修的专用机器人，这个设想才能够真正实现。

尽管宇宙空间太阳能发电距离我们依然十分遥远，但是它所采用的都是现有的成熟技术，不需要像核聚变发电那样还要探索未知的科学领域。因而，宇宙空间太阳能电站具有十分明确的实用性。至于微波对人体的影响。一般的认识是，由于来自宇宙空间太阳能电站的微波强度接近于人体在移动电话附近承受的电波，因此不会对环境和生物产生明显的不利影响。

有关专家预言，建造宇宙太阳能发电站对人类的意义重大，将成为人类向宇宙空间进军的一次大规模的技术演练。可以预见，进入 21 世纪中期之后，在地球附近的宇宙空间，人们除了可以看到各种通信、气象、环境、广播、科学卫星以及若干个飞行的国际空间站之外，还能看到宇宙空间太阳能电站的身影。

第七章　制约太阳能发展的瓶颈

太阳能是一种清洁的可再生能源，但是目前，太阳能产品需要更高的经济成本。经济成本高，不利于太阳能产品的普及，由此成为制约太阳能发展的瓶颈。

此外，建设太阳能电站还需要大量的土地。由于丰富的太阳能分布比较分散，致使选址成为很大的问题。而且，依赖于太阳的太阳能产业，受天气环境的影响，并无法完全保证稳定地运用太阳能发电。

上面说到这些制约因素，只是让我们认清太阳能发展过程中遇见的瓶颈，有针对性地解决问题，扬长避短，才能更好地解决问题。

第一节 太阳能电池板价格昂贵

曾经有人说，很多问题的背后，都是经济问题。对于太阳能产品，市场普及度不够，就是因为经济成本高，让很多人望而却步。太阳能电池板正是如此。想要解决太阳能电池板遇到的发展瓶颈，就要降低太阳能电池板的价格。在此，我们需要具体了解太阳能电池板的详细信息。

一、太阳能电池板的种类

太阳能电池板有不同种类，它们就像一个大家庭，有不同的家族成员。而各种太阳能电池板根据其工作原理不同，寿命也会不同。

太阳能电池板家族成员很多，有硅太阳能电池板、多元化合物薄膜太阳能电池板以及纳米晶体化学能太阳能电池板等。我们先说一下硅太阳能电池板。

硅太阳能电池板分为单晶硅太阳能电池板、多晶硅薄膜太阳能电池板和非晶硅薄膜太阳能电池板三种。

据相关资料介绍，单晶硅太阳能电池板的转换效率最高，技

术在目前来讲也最为成熟。在实验室里最高的转换效率为23%，规模生产时的效率为15%。在大规模应用和工业生产中仍占据主导地位。但由于单晶硅的成本比较高，大幅度降低其成本的目标还难以达成，为了节省硅的用量，人们开始将多晶硅薄膜和非晶硅薄膜作为单晶硅太阳能电池板的替代产品。

与单晶硅比较，多晶硅薄膜太阳能电池板成本低廉，而效率比非晶硅薄膜电池板还要高，其实验室最高转换效率为18%，工业规模生产的转换效率为10%。因此，可以预见，多晶硅薄膜电池板或许不久就会在太阳能电池市场上占据主导地位。

非晶硅薄膜太阳能电池板成本比较低，重量也比较轻，但是相对来讲，转换效率较高，便于大规模生产，有极大的发展潜力。但是不足的是，受制于其材料引发的光电效率衰退效应，非晶硅薄膜太阳能电池稳定性不高，这点直接影响了它的实际应用。如果能进一步解决稳定性问题，并在一定程度上提高转换率，那么，非晶硅太阳能电池无疑是太阳能电池的主要发展产品之一。

多元化合物薄膜太阳能电池板材料采用的是无机盐，主要包括硫化镉电池、砷化镓Ⅲ-V族化合物电池、铜铟硒薄膜电池等几个种类。

与非晶硅薄膜太阳能电池相比，硫化镉、碲化镉多晶薄膜电池的转化效率高一些，成本较单晶硅电池低，并且也易于大规模生产。但是不足的是，由于镉有剧毒，这类电池会对环境造成严重的污染，因此，并不是晶体硅太阳能电池为最理想的替代产品。

砷化镓Ⅲ-V族化合物电池的转换效率比较高，甚至可达28%，砷化镓化合物材料具有十分理想的光学带隙以及较高的吸收效率。抗辐照能力强，对热不敏感，非常适合于制造高效电池。但是砷化镓材料的价格非常高，这就在很大程度上限制了砷化镓电池的普及。

铜铟硒薄膜电池不存在光致衰退问题，转换效率和多晶硅一样，因而适合光电转换。具有价格低廉、性能良好和工艺简单等优点，将成为今后发展太阳能电池的一个重要方向。铜铟硒薄膜电池唯一的问题是材料的来源，由于铟和硒都是比较稀有的元素，因此，这类电池的发展又必然受到限制。

太阳能电池制造过程中，以有机聚合物代替无机材料是刚刚开始探索的一个研究方向。由于有机材料柔性好，材料来源广泛，容易制作，成本低等优势，从而对大规模利用太阳能，为人类提供廉价电能具有重要意义。

但以有机材料制备太阳能电池的尝试表明，无论是使用寿命，还是电池效率都不能和无机材料特别是和硅电池相比。有机材料制备太阳能电池能否发展成为具有实用意义的产品，还有待于进一步研究探索。

纳米二氧化钛晶体化学能太阳能电池板是新近发展的，优点在于它廉价的成本和简单的工艺及稳定的性能。其光电效率稳定在 10%以上，制作成本仅为硅太阳能电池板的 1/5 到 1/10，寿命能达到 20 年以上。但由于此类电池的研究和开发刚刚起步，估计不久的将来会逐步走上市场。

非晶硅太阳能电池板的制造方法是将含硅的原料气体（如四氢化硅）放入真空反应室中，利用放电所产生的高能量使原料气体分解而得到硅，然后将硅堆积在已被加温至 200 到 300 摄氏度的带有电极的玻璃或不锈钢的衬底上。

如果原料气体中混入乙硼烷（B_2H_6），则得到 P 型非晶硅；

如果原料气体中混入磷化氢（PH_3），则得到 N 型非晶硅，从而形成 P-N 结。

化合物半导体是使用两种以上元素的化合物构成的半导体，如镓砷太阳能电池板就是一种化合物半导体太阳能电池板。由于这种化合物半导体太阳能电池板的波长和太阳频谱是一致的，因此具有较高的转换效率。

在太阳能电池板的光入射面设置铝镓砷层，以便形成表面电场，以防止由于光产生的载流子再结合。

介绍完太阳能电池板的家族成员，我们需要了解一下太阳能电池板在市场普及方面为什么会遭遇发展瓶颈。我们就以硅太阳能电池板为例。

二、太阳能电池板与硅

由于大部分太阳能电池板的主要材料为硅，而硅的价格比较高，这也决定了太阳能电池板的价格较为昂贵，所以还不能被大量广泛和普遍地使用。

太阳能电池的工艺比较复杂，最初是从提纯硅开始，硅提纯要耗费大量的电力能源，硅锭再被加工成硅片，硅片还要经过刻蚀，扩散制结，镀膜，印刷或电镀制作出来。这些工艺过程会涉及特殊气体，酸碱等化学药剂（盐酸、硝酸、硫酸、氟化氢、三氯氧磷等）。这些化学物品产生的废气、废水都需要进行特殊处理。

然后，加工好的电池片才能做成组件，组件需要多个硅片串并联之后，进行封装，表面是钢化绒面玻璃，背面是 PTE（一种高分子聚合物）等材料。这所有的过程涉及大量设备，能源消耗，特殊气体和废气以及化学物品处理等，所以价格高，不过现在正在逐步降价。

在制作成太阳能电池时，由于硅半导体不是电的优良导体，电子在通过 P–N 结后，如果在半导体中流动，电阻非常大，损耗也就非常大。所以，需要在表层涂上金属。但如果在上层全部涂上金属，由于金属反射很强，阳光又不能通过，电流就不能产生，因此，一般用金属网格覆盖 P–N 结，以增加入射光的面积。

另外，硅表面也非常光亮，这样就容易导致大量的太阳光被反射掉，不能被电池充分利用。为此，科学家们给它涂上了一层反射系数非常低的保护膜。将太阳光的反射损失减小到 5%，甚至更小，以便更好地进行光电转化。

我们知道，太阳能电池的种类很多，如单晶硅、多晶硅、非品质太阳能电池等。根据种类的不同，制造方法也有很大的不同。这里我们主要介绍一下单晶硅、多晶硅以及化合物半导体太阳能电池的制造方法。

单晶硅太阳能电池的制造方法为：首先，将高纯度的硅加热至 1500 摄氏度，生成大型结晶（原子按一定规则排列的物质）即单晶硅。再将其切成厚度为 300 至 500 微米的薄片，利用气体扩散法或固体扩散法添加不纯物并形成 P–N 结。最后，安装电极及防止光线反射的反射防治膜。

这种方法制造工艺较为复杂，由于制造温度较高，因此会消耗大量的电能，成本较高，目前正在研究与开发利用自动化、连续化的制造方法，以降低成本。

为了解决单晶硅太阳能电池制造工艺复杂、制造能耗大的问题，人们研究与开发了多晶硅太阳能电池的制造方法。多晶硅是

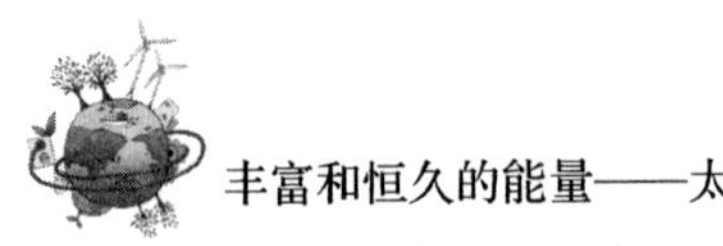

一种将众多单晶硅粒子集合而成的物质。

多晶硅太阳能电池的制造方法有两种：一种方法是将被溶解的硅块放入坩埚中慢慢地冷却使其固化，然后与单晶硅一样将其切成厚度为 300 至 500 微米的薄片，添加不纯物并形成 P-N 结，形成电极以及反射防治膜。

另一种是从硅溶液中直接得到薄片状的多晶硅的方法。这种方法不仅可以直接做成薄片状多晶硅，有效地利用硅原料，而且制造工艺比较简单。

据了解，家用太阳能电池板型号有很多种，从几十瓦到 300 多瓦的都有，一般根据用电量来安装。如果，想利用太阳能电池板发电来取暖，理论上讲是可以的。

但是，由于冬季阳光照射时间短等原因，发电量不是特别大，这就需要安装更多的电池板，相应地就会提高成本，而且受电能储存等多方面因素的影响，推广起来还是有一定的难度的。

总的来说，虽然太阳能电池板是低碳环保的产品，但毕竟目前太阳能电池板价格昂贵，因此在中国要实现商业化还需要一些时间。

虽然，大部分的太阳能电池可以使用 25 年以上，而且其在 10 年内组件输出功率不低于 90%，20 年内输出功率不低于 80%。从长远来看，成本没有组装时高，但是在传统能源占主要市场地位的情况下，普遍太阳能的条件没有完全成熟。

对于太阳能电池现在还不能肩负能源利用的重任。对于它自身存在的问题，需要我们正视，对症下药，才是解决问题的康庄大道。想要让太阳能尽快进入市场，首要任务就是降低成本。

三、太阳能电池成本太高

在太阳能电池技术的研究方面，降低成本是目前和将来相当长的时间内的首要任务。应从两个方面着手：一是采用廉价的材料或者提高现有太阳能电池的效率，二是开发具有更高转换效率的太阳能电池。

世界主要太阳能电池生产国都在努力，在晶体硅太阳能电池技术方面进行了一系列的研究，以期进一步降低其成本。围绕提高晶体硅，特别是单晶硅电池的转换效率，继续开发新技术。

1. 降低晶体硅材料用量

晶体硅电池材料占到总生产成本的大约 40%。从两方面着手降低晶体硅材料的用量。

一方面是电池薄膜化。比如，德国将单晶硅电池切割到 40 微米厚，其转换效率可高达 20%。

另一方面，由于切割带来的晶体硅材料损耗占到 50%，因此人们开发各种切割技术以降低材料损耗。此外，各种降低成本的晶体硅制备工艺和技术也在逐步取得进展，有的正在产业化。

2. 优化电池组件的设计，提高电池组件的效率

利用转化效率较低的单电池，组装出电池组件效率较高的电池模块。

太阳能电池实现薄膜化，是当前国际上研发的主要方向之一。比如，可以采用直接从硅熔体中拉出厚度为 100 微米的晶体硅带。

人们也在研究利用液相或气相沉积，如化学气相沉积的方法制备晶体硅薄膜作为太阳能电池材料。这时可以采用成本较低的

冶金硅或者其他廉价基体材料，如玻璃、石墨和陶瓷等。

在廉价衬底上采用低温制备技术沉积半导体薄膜的光伏器件，材料与器件制备可同时完成，工艺技术简单，便于大面积连续化生产。制备能耗低，可以缩短回收期。在不用晶体硅作为基底材料的衬底上气相沉积得到的多晶硅转换效率也达12%以上。

人们通常把单晶硅太阳能电池作为第一代太阳能电池，以非晶硅太阳能电池为代表的薄膜太阳能电池称为第二代太阳能电池。前者转换效率为20%以下，价格较高；薄膜太阳能电池则效率较低，但成本也较低。

现在，人们正在开发的目标是第三代太阳能电池。这类电池具有很高的效率，但成本也较目前的晶体硅低。

其他一些类型的太阳能电池可分为薄膜太阳能电池和非薄膜太阳能电池。薄膜太阳能电池中，潜力最大的是非晶硅太阳能电池，它对太阳光具有强烈的吸收能力。而且，只需1微米厚的非晶硅薄膜就足够，只相当于单晶硅太阳能电池所需硅片厚度的1/300。

降低成本的一种可取的方法：把阳光聚焦在小面积的光伏电池上。用一定面积的反射式或聚焦式集热器截取阳光的费用要比用同样面积的光伏电池便宜得多。使用高强度的聚焦辐射的困难在于：电池在单位面积上的辐射增强后，会使温度迅速上升。在较高的温度下，电池的效率降低了。但在这样高的辐射强度下，电池必须用水冷却。

社会发展，就是要利用最低的经济成本，让人民享受到更健康美好的生活，太阳能电池的推广也需要如此。诚然，它是一种清洁低碳可再生的新能源，但它昂贵的价格让人望而却步，解决这个问题的首要任务就是要降低成本。在这方面，我们还要走很长一段路。

第二节　大规模利用需要空间

太阳能虽然能量巨大，但是，太阳能的分布比较分散，单位面积上的能量密度小。因此，要想更好地利用太阳能，就需要收集更大面积上的太阳能，建立大型的太阳能电站。想要建立大型的太阳能电站，就需要大量的太阳能电池板和大面积的空间。这些条件一个都不能少。规模大，前期资金投入就会比较多，占用的土地面积就会比较广。

在人口密集的工业区，建立面积较大的太阳能电站需要投入大量的土地成本，人们便将目光投向了土地廉价的空间。比如无人定居的沙漠和已经实现了土地利用价值的高架桥上面的空间。

一、沙漠空间是不是解决之道

沙漠地区有丰富的太阳能。在这方面我们国家得天独厚，现有沙漠面积约 52 万平方千米，有沙漠化土地 17.6 万平方千米，潜在沙漠化土地 15.8 万平方千米，三者共计为 85.4 万平方千米。大部分集中在内蒙古地区和新疆地区。

如果太阳能转化为电的效率是 15%，每平方米的面积就能提

供大约 0.036 千瓦时的电能，每天就能提供约 0.41 千瓦时的电能。如果沙漠地区每年有 360 天的日照时间，那么每平方米面积的沙漠每年就能提供大约 50 千瓦时的电能。

面积 85 万平方公里的沙漠每年就能提供 1.28×10^{14} 千瓦时的电能。

以火力发电的年运转时间为 6400 小时来计算，上述太阳能供电将等同于 2×10^{10} 千瓦的电力装置。如以每标准核电站能提供 10^{6} 千瓦的电功率来计算，那么 85 万平方公里的沙漠地区就能提供约相当于 20 000 座核电站的电功率。

据科学家估计，到 2050 年，人类可能需要大约 2.5×10^{9} 千瓦的电力。因此，仅由沙漠地区 1/8 的面积，也就是 10 万平方千米的面积，就能提供所需要的电力。

我国内蒙古自治区的面积约 110 万平方千米，其中沙漠和沙漠化面积约为 20 至 30 万平方千米。所以，仅内蒙古自治区的沙漠地区的太阳能就能为中国在 2050 年以及今后的发展提供所需要的足够的电力。

在鄂尔多斯市杭锦旗能源化工基地内，全球最大的太阳能设备制造商第一太阳能公司将在此地兴建占地 65 平方公里的大型太阳能电站。

为了建设规模和面积如此巨大的太阳能电站，第一太阳能公司还计划建立专门的工厂，以便就地生产所需要的大量的太阳能模块和电池板。

项目第一期建成后可以发电 30 兆瓦。二期工程可以发电 100 兆瓦，三期工程可以发电 870 兆瓦。第四期工程可以发电 1000 兆瓦，预计将在 2019 年底前建成。

65 平方千米的面积，如果是地广人稀的地区还是可以考虑的，但是若将电站建设在人口较多的地区，光占用土地的费用就是一笔不菲的成本。

虽然我国大部分太阳能丰富的地区在内蒙古和新疆的沙漠地带，然而，若将太阳能电站建设在这样的地方，土地成本虽然下降了不少，但是其他的成本比如电力外送问题，又会使得输变电产生困难。简而言之，在沙漠建造太阳能电站也遭遇瓶颈。

二、高架桥上的太阳能

在太阳能丰富的沙漠地区，遭遇太阳能电站发展瓶颈，去经济发达的太阳能丰富区也是一种发展思路。我们知道，太阳所放射到地球的能量是分散的，要收集大量的太阳能就需要大量的土地。由于我国土地资源有限，特别是在经济比较发达，人口比较密集地区（中东部地区）。没有太多的土地可用，由于经济发达，能源消耗需求量巨大，经常会拉闸限电，冬季中断供暖。

针对这种情况，我国新发明的桥式太阳能利用装置是在公路、铁路上搭建旱桥，在桥面上架设太阳能光热、光伏利用设备，利用公路、铁路上的巨大空间收集太阳能并加以利用。这样就可以有效地解决征用大量土地的难题。

通过高架桥利用太阳能时，不需要另外征地拆迁、移民等，可省下大笔拆迁、移民安置费，不与人争地，不与粮争田。并且当下雨、下雪时，高架桥上的地面不会滑，从而更能保障安全。当太阳太猛时，太阳能电池还能起遮隐作用，并可使汽车、火车空调减少使用，减少能源消耗。可避免公路、铁路遭受日晒雨淋，雷击电闪，而延长公路、铁路的寿命及安全。

现在，美国利用公路搭建框架安装太阳能装置、英国利用百年老桥安装太阳能、比利时利用铁路安装太阳能。但是这些设计或者建筑存在重大的缺陷和安全隐患，因为它们的框架上是没有“桥面”的，太阳能装置安置在高架上的连接杠上，而太阳能装置的下方就是公路、铁路轨道，时间长了，就会发生意料不到的情况，比如，一些太阳能板会爆裂、甚至发生火蚀，而冰雹天气会打坏太阳能板，其碎件就会直接掉到公路、铁轨上，对于高速行驶的车辆、火车是巨大的危险。

而太阳能热装置管道里的高温介质，有时会因管裂而流出，这些高温水就会直接落到公路路面、铁路轨道上。即使发生太阳能板爆裂、火蚀，冰雹打坏太阳能板的情况，高温介质因管裂而流出，其碎件、高温水也只是散落在“桥面”上，而不会直接掉落在公路和轨道上。

沙漠空间的利用和太阳能高架桥的创造，虽然并非十全十美地解决了限制太阳能发展的瓶颈，但也展示了我们人类应对困境的智慧。它同时也让我们认识到，发展太阳能还存在很多成本和技术上的瓶颈，我们需要正视这些问题，找到解决问题的方法，才能最大限度地让太阳能成为生活中的好帮手。

第三节 天气及其他因素

日夜轮回，四季更替，夏有冰雹冬有雪，这是常识。在这样的日子里，太阳照到地球上的光和热就会有变化。以太阳的光和热为能量来源的太阳能就会受到影响。可以说，太阳能的供应是间歇性的。

简单地说，太阳能的间歇性来自于两个方面：地球自转和天气。但是，无论哪一种原因，这种间歇性，都会给太阳能利用造成重大影响。

一、天气影响太阳能

太阳能发电是可以大规模利用的，但是同时，太阳能电站发电的稳定性会受到很多因素的影响。比如，在阳光充沛的夏季，如果按照理想的情况来考虑，这个时期太阳能电站的发电量就会比较大，但是，天气阴晴难定，这就给太阳能的利用带来不少未知数。下面以太阳能提供峰荷动力为例，说明这个问题。

我们知道，夏季最热的日子通常用电量也会比较大，这时候，电网的负荷就会比较大。用电量小的时候，电网就会呈现一个较小的负荷。由于用电量是随时变化的，因此，通常人们把最小负荷水平线以下部分称为基荷，平均负荷水平线以上的部分为峰荷，最小负荷与平均负荷之间的部分称为腰荷。

为了满足系统负荷的需要，电网应进行负荷预测工作，绘制不同用途的负荷曲线，便于及时对电网进行调节。但是，即便如此，也没人能够提前预知夏季的哪些天会格外炎热，哪天的用电量会比较多，电网的负荷会比较高。与之相比，其他的需求波动则较容易预料，比如，周一到周五日间的需求量比周六和周日高，下午 3 点的需求量比凌晨 3 点高。

我们知道，超过基本负荷的波动需求称为峰荷动力。峰荷动力由易于快速启动和关闭的发电站提供。

通常人们喜欢用天然气火力发电站来满足峰荷需求，因为这些电站稳定可靠，启动和关闭也相对容易。（相形之下，核电站和燃煤电站则难以快速启动和关闭。）正如前面提到的，天然气也可以用来满足基荷需要，但是由于天然气价格不稳定，因此它们越来越多地用于提供短期峰荷动力。

太阳能发电站也可以用来满足峰荷动力需求。尽管多数太阳能电站是热电站，但是光伏发电站也可以用来满足峰荷动力需求。太阳能发电站用于这部分电力市场是因为它们在天气炎热的日子发电量高，这也正是电力需求最高的时候，而且它们的启动和关闭也相对容易。因此，若能发挥太阳能的优势，夜晚并不会妨碍对太阳能的成功使用。

但是，由于天有不测风云，在需求高峰期还可能遇到恶劣的天气，导致太阳能发电站减产。因此，即便是提供荷峰动力，太阳能的利用也要在可靠的天气预报的帮助下，降低其不确定性，从而预知太阳能电站在某天是否可以发电。有了可靠的气象报告，太阳能电站的发电才能得到有效的保证。

二、其他薄弱环节

我们知道，地球接收到数量庞大的太阳能，但是这些能源的特性使人们难以廉价地利用它们。前面已经描述了一些困难：在地球表面，太阳能具有间歇性，其强度不能完全预知。太阳能的强度依赖于当地的纬度，而且阳光最充足的地方往往远离市场和高压输电线，但是困难还不止如此。

传输和使用最方便的能量形态是电能，因此，对于如何把太阳能更好地转化为电能，人们进行了大量的研究。但是太阳能到电能的转换总有损耗。

我们以 CSP（集光型太阳能）为例来阐述这个问题。因为相对来讲，集光型太阳能比其他类型的太阳能发电站在并网方面更加有优势。CSP 系统首先把太阳能转变为热能，然后把热能转变为电能。转化过程中总会有一些输入能量不能转变为输出能量，因此每一步转化都存在损耗。首先考虑把太阳能转化为热能的问题，比如说，CSP 系统在有风的日子的效率要低于没有风的日子。

风吹过传送主液的导管会导致液体冷却，液体吸收的一些热能将在到达热交换器之前传递到空气中，这部分能量就损失掉了，它不能转变为电能。

另外，由于反射镜面积大、重量轻，风会引起它们的震动和变形，从而降低其反射率。事实上，当有强风的时候一些 CSP 操作员会关闭系统以防止产生较大的损失。

另一个损耗的原因是所有 CSP 设备中用来收集阳光的反射镜缺乏校准。未校准时它们都不能充分地汇聚太阳能。

另外，反射镜还可能被污垢覆盖，在这种情况下它们的反射率会低于设计要求。在太阳能转化为热能的过程中还有其他很多因素会引起损耗，这些影响累积起来，会严重影响太阳能集光系统的发电效率。

因此，在实际情况中 CSP 系统仅有一小部分太阳能可以变为电能。即使在最好的情况下效率也只能达到 30%。

因此在理想条件下，向效率最高的 CSP 系统每平方米输入 1000 瓦，每平方米的输出大约才 300 瓦。

一吉瓦除以每平方米 300 瓦就可以计算出需要多少土地。这将需要 330 万平方米的反射表面。需使用土地的估计值远低于真实值，因为仅仅是在赤道附近区域的夏季，天气良好的情况下，每日只有几个小时达到每平方米 1000 瓦这个数字。如果电站建造在温带，会需要更多土地。

另外，必要的配套道路等设施都会增加所需土地面积的下限，如果这个系统设计带蓄热器，能够昼夜维持吉瓦输出，需要的土地面积还将成倍增加。

取代一个昼夜工作的吉瓦级核电站，需要太阳能电站带有足够多的蓄热器，它的反射镜场地将无比庞大。

最后，为了保证电站无论在什么地方，什么天气下都能达到至少一吉瓦的输出功率，必须在其他地点建造备用电站，配备上节介绍的必要的高压输电线路。当然这并不是反对使用太阳能，而是说不管使用哪种能源，我们都无法简单、廉价或环保地满足现代的电力需求。

太阳光到达地球表面的辐射总量尽管很大，但是能流密度很低。平均来说，北回归线附近，夏季在天气较为晴朗的情况下，正午时太阳辐射的辐照度最大，在垂直于太阳光方向 1 平方米面积上接收到的太阳能平均有 1000 瓦左右：如果按全年日夜平均计算，则只有 200 瓦左右；而在冬季大致只有一半，阴天一般只有 1/5 左右，这样的能流密度是很低的。因此，在利用太阳能时，想要得到一定的转换功率，往往需要面积相当大的一套收集和转换设备，造价较高。

由于受到昼夜、季节、地理纬度和海拔高度等自然条件的限制以及晴、阴、云、雨等随机因素的影响。所以，太阳光到达某一地面的辐照度既是间断的，又是极不稳定的，这给太阳能的大规模应用增加了难度。

为了使太阳能成为连续、稳定的能源，从而最终成为能够与传统能源竞争的替代能源，就必须很好地解决蓄能问题，也就是把晴朗白天的太阳辐射能尽量储存起来，以供夜间或阴雨天使用，但目前蓄能也是太阳能利用中较为薄弱的环节之一。

从上面这些事情中，发展太阳能还存在很多亟待解决的问题，太阳能产品产业化还有一段距离。但是，生活中建立的太阳能电站，也表明了太阳能电站吸引了人们的重视。这里面也释放一个信息，发展太阳能电站的道路是曲折的，但前景是光明的。

参考文献

[1] 齐拉斯. 太阳能光伏发电知识读本. 姜齐荣，魏应冬，译. 北京：机械工业出版社，2013.

[2] 宋记锋，丁树娟. 太阳能热发电站. 北京：机械工业出版社，2013.

[3] 何梓年，李炜，朱敦智. 热管式真空管太阳能集热器及其应用. 北京：化学工业出版社，2011.

[4] 沈辉，刘勇，徐雪青. 纳米材料与太阳能利用. 北京：化学工业出版社，2012.

[5] 李安定，吕全亚. 太阳能光伏发电系统工程. 北京：化学工业出版社，2012.

[6] 沈文忠. 太阳能光伏技术与应用. 上海：上海交通大学出版社，2013.

[7] 薛春荣，钱斌，江学范，等. 普通高等教育“十二五”规划教材：太阳能光伏组件技术. 北京：科学出版社，2014.

[8] 王慧，胡晓花，程洪智. 太阳能热利用技术丛书：太阳能热利用概论. 北京：清华大学出版社，2013.

[9] 宋凌. 太阳能建筑一体化工程案例集. 北京：中国建筑工业出版社，2013.

[10] Thomas E.Kissell. 太阳能利用技术及工程. 朱永强，尹忠东，译. 北京：机械工业出版社，2014.

[11] 张培明，黄建华，廖东进. 新能源系列规划教材：太阳能光电利用基础. 北京：化学工业出版社，2014.

[12] 胡晓花，袁家普，孙如军. 平板太阳能技术及应用. 北京：清华大学出版社，2014.

[13] 冯垛生，王飞. 太阳能光伏发电技术图解指南. 北京：人民邮电出版社，2011.

[14] Deo Prasad，Mark Snow. 太阳能光伏建筑设计. 上海现代建筑设计集团技术中心，译. 上海：上海科学技术出版社，2013.

[15] 吴财福，张健轩，陈裕恺. 太阳能光伏并网发电及照明系统. 北京：科学出版社，2009.

[16] 王君一，徐任学. 太阳能利用技术. 北京：金盾出版社，2012.

[17] 华春. 青少年应该知道的太阳能. 北京：团结出版社，2009.

[18] 杨贵恒，强生泽，张颖超，等. 太阳能光伏发电系统及其应用. 北京：化学工业出版社，2011.

[19] 邹原东. 太阳能利用技术速学快用. 北京：化学工业出版社，2011.

[20] 罗运俊，何梓年，王长贵. 太阳能利用技术. 北京：化学工业出版社，2011.